JN189717

海上自衛隊
潜水艦
最強ファイル

元海上自衛隊幹部
オオカミ少佐

河出書房新社

潜水艦の驚きの能力と強さの秘密がわかる！

◆はじめに

こんにちは。元海上自衛隊幹部自衛官の「オオカミ少佐」です。まずは、本書を手にとっていただいたことをお礼申し上げます。

簡単に自己紹介をさせていただくと、私は神奈川県横須賀市にある防衛大学校を卒業後、広島県江田島（えたじま）市の幹部候補生学校を経て、幹部自衛官（自衛官の階級は幕僚長（ばくりょうちょう）たる将を入れて17種。このうち3尉以上の者が幹部自衛官に区分されます）になりました。

退職後は自衛隊で得た知識をもとに、YouTubeチャンネル「オオカミ少佐のニュースチャンネル」で自衛隊や世界のニュースを面白く、わかりやすく情報発信しています。

自衛隊の情報というと、「難しそう」と思われるでしょうが、私のモットーは「面白さ」と「わかりやすさ」。この2つこそ、とくに重要であると考えています。まずは、関心をもっていただかないことには始まらないからです。

無理せず「ゆる～い感じ」の理解でよい、まずは関心をもってもらうことが一番大事だと考えながら情報発信を行なっています。

日本は四方を海に囲まれた島国で、重量ベースだと輸入品の99パーセントを海からの海上輸送に頼っています。フネの海上輸送は航空機の航空輸送に比べて輸送コストが安く、大量輸送に向いているからです。

＊　＊

世界最大級のフネと航空機の輸送力を比べると、フネは最大約40万トン、航空機は約２５０トンと文字どおり「ケタ」が違います。そのため、「海上交通路＝シーレーン」を断たれると、日本はそれこそ「成り立たなく」なってしまうのです。

そのシーレーンを含めた日本の海の安全を守っているのが海上自衛隊であり、そのなかにあって非常に重要なウエイトを占めているのが、本書の主役である潜水艦です。

潜水艦は１隻を建造するのに、７００億円以上の国費が投入されています。ですから、税金を払っている私たちとしても、そもそも潜水艦とは何をするフネなのか、どのような能力をもつフネなのか、ということは知っておくべき知識といっても過言ではありません。

そこで本書では、予備知識がまったくなくても、潜水艦のメカニズムから艦運用の実際、戦闘技術、艦内での生活、潜水艦の歴史、そして世界トップレベルの性能を誇る日本の潜水艦の全貌まで理解できるように、わかりやすく解説しました。

また、海上自衛隊の最新鋭潜水艦「たいげい」型についても多くのページを割き、その能力の凄さを解き明かしていきます。

潜水艦は、通常動力型潜水艦（通常型潜水艦）と原子力潜水艦（原潜）に大きく分けられます。言葉だけを聞くと、何となく通常型潜水艦よりも原子力潜水艦のほうが能力も戦闘力も上位にあるように思う人が多いでしょうが、本書を読めば、かならずしもそうではないこと、そして海上自衛隊が原潜ではなく、通常型潜水艦の建造を続ける理由もおのずとわかることでしょう。

とにかく難しい話は抜きにして、まずは潜水艦の全貌と、日本の潜水艦の能力と役割について知ってもらいたいという思いで執筆したのが本書です。肩ひじ張らずに、「ゆる〜い感じ」で気軽にお読みください。

オオカミ少佐

海上自衛隊　潜水艦　最強ファイル◆目次

1 沈黙の「最強兵器」、その驚異の実力とは

2 潜水艦の戦い、勝敗を分けるのは何か

3 海自の最新鋭艦「たいげい」型の全貌

4 潜水艦乗りの任務と知られざる日常

5 通常型VS原潜、もし戦ったなら…

6 潜水艦の「強さ」は性能だけでは決まらない

7 海自の潜水艦が向き合う脅威と未来

カバーデザイン◆スタジオ・ファム
カバー写真◆Dr-ZERO／PIXTA
本文写真◆PIXTA／photolibrary
図版作成◆原田弘和

1 沈黙の「最強兵器」、その驚異の実力とは

潜水艦は「人が生きられない世界」で活動する

四方を海に囲まれた日本において、海は人気のレジャースポットです。夏であれば海水浴やサーフィン、スキューバダイビングなどさまざまな遊びを体験できます。

しかし、これは文字どおり「海の表面的な部分」に過ぎず、数十メートルも潜（もぐ）れば、そこは人が生きられない深海が広がっています。海中では呼吸できないことはもちろん、海水密度が空気の約830倍にもなるため、深度が深くなるほど大きな圧力がかかり、太陽光も届きません。暗くて視界はきかず、海水温度も低くなって生命活動を維持できなくなります。

レジャーで楽しむ範囲なら、酸素ボンベやダイバースーツなどをつけたダイビングの安全限界は40メートルまで。それ以上潜ると、酸素ボンベ内の窒素（ちっそ）が周囲からの水圧の影響で体の組織や血液に溶けこみます。

この状態で急浮上して海面上に出ると、急激な水圧の減少で体内に溶けこんでいた窒素が気泡（きほう）となって体組織を圧迫したり、血液からの酸素の供給を妨（さまた）げたりして障害を引き起こす潜水病（減圧症）にかかります。本来、人間は海中で生きていけるようにはできていないのです。

深海での活動を日常的にこなす潜水艦は、このような過酷な環境を克服しなくてはなりません。

潜水艦はなぜ、潜ることができる？

潜水艦とは軍艦の一種であり、水中を航行できることが最大の特徴です。メジャーな艦種ですから、日本でも広島県の呉（くれ）や神奈川県の横須賀に行けば、一般の方であってもわりと簡単に目にすることができます。

とはいえ、潜水艦の仕組みについて説明できるという人は、あまりいないのではないでしょうか。そもそも、どうやって潜っているのか不思議ですね。

潜水艦を含むフネ全般が浮かぶ理屈は、アルキメデスの原理で説明することができます。ごく簡単にまとめると、「液体（本当は気体も）のなかにある物体は、その物体が押しのけている液体の質量が及ぼす重力と同じ大きさで上向きの浮力を発生させる」というもの。

つまり、1リットルのペットボトルを完全に沈めると、1キログラム分の浮力が上に向かってできる、ということです。実際にお風呂で空（から）のペットボトルを沈めてみるとわかりやすいですが、簡単には沈みません。フネも大きいものだと何万トンもの鉄でできていますが、中身は空洞ですから、同じ理屈で浮かんでいます。

潜水艦も、その内部には人間が生活する空間やエンジンなどの機械類を設置するための空間、つまり空洞があります。岸壁に係留してある潜水艦は3分の1くらいが海面上に出ているので、きちんと浮力をもっていることがわかります。この浮力を意図的になくすことで、潜水艦は水中に潜ることができるのです。

ちなみに、潜水艦乗りに「沈む」という表現を使うと怒りますから、かならず「潜る」といいましょう（笑）。「潜る」というのは「意図して深度を下げること」ですが、「沈む」とは「意図に反して制御できずに深度が下がること」、すなわち事故や撃沈されたことを意味するからです。

潜水艦はどのように潜り、浮上する？

話を戻しますが、潜水艦にはこの浮力を調整するための「メインバラストタンク」が備わっています。メインバラストタンクの空気を抜いて海水を入れると、浮力を失って潜航することができ、浮上したいときは海水を抜いて空気を入れれば浮かび上がるという仕組みです。

海中なので海水が不足することはないにしても、浮上するときに使う空気をどこからもってくるのかというと、艦内に「気蓄器」という圧縮空気をためるタンクがあり、ここからメインバラストタンク（以下、メインタンク）に空気を注入することで海水を排出することができます。よく潜水艦映画などに登場する「メインタンクブロー」とは、浮上の際に海水を排出することです。

このメインタンクの内側の耐圧船殻を「内殻」、その外側にある船殻を「外殻」といいます。また、メインタンクの底には「フラッド・ポート」という穴があります。

この穴から海水が入ると沈んでしまうのでは？　と思うでしょうが、メインタンクの上方に「ベント弁」というバルブがついており、このベント弁が閉まってさえいれば、メインタンクから空気が抜けることや内部に海水が入ってくることはなく、浮力も維持されます。

もう、ピンときたでしょう。潜航する際にはこのベント弁を開くことでメインタンク内の空気が抜け、かわりにメインタンク内が海水で満たされるので浮力がなくなり、水中に潜ることができるわけです。

戦闘目的でない潜水艇などであれば、このままゆっくり潜っていけばＯＫですが、潜水艦はそうもいきません。

状況によっては、哨戒機（偵察用航空機）がミサイルや対潜爆弾を撃ってくることもあれば、水上艦から魚雷が発射される危険性もあるため、戦闘用につくられた潜水艦はすばやく潜ることが求められます。

数十年前の潜水艦は水上航行をメインとして、作戦行動時のみに短時間潜るというものでした。それに対し、現在の潜水艦は外洋に出たらすぐに潜航し、ずっとそのままなので、以前ほど急速潜航する意味はありません。

潜航と浮上の仕組み

潜航

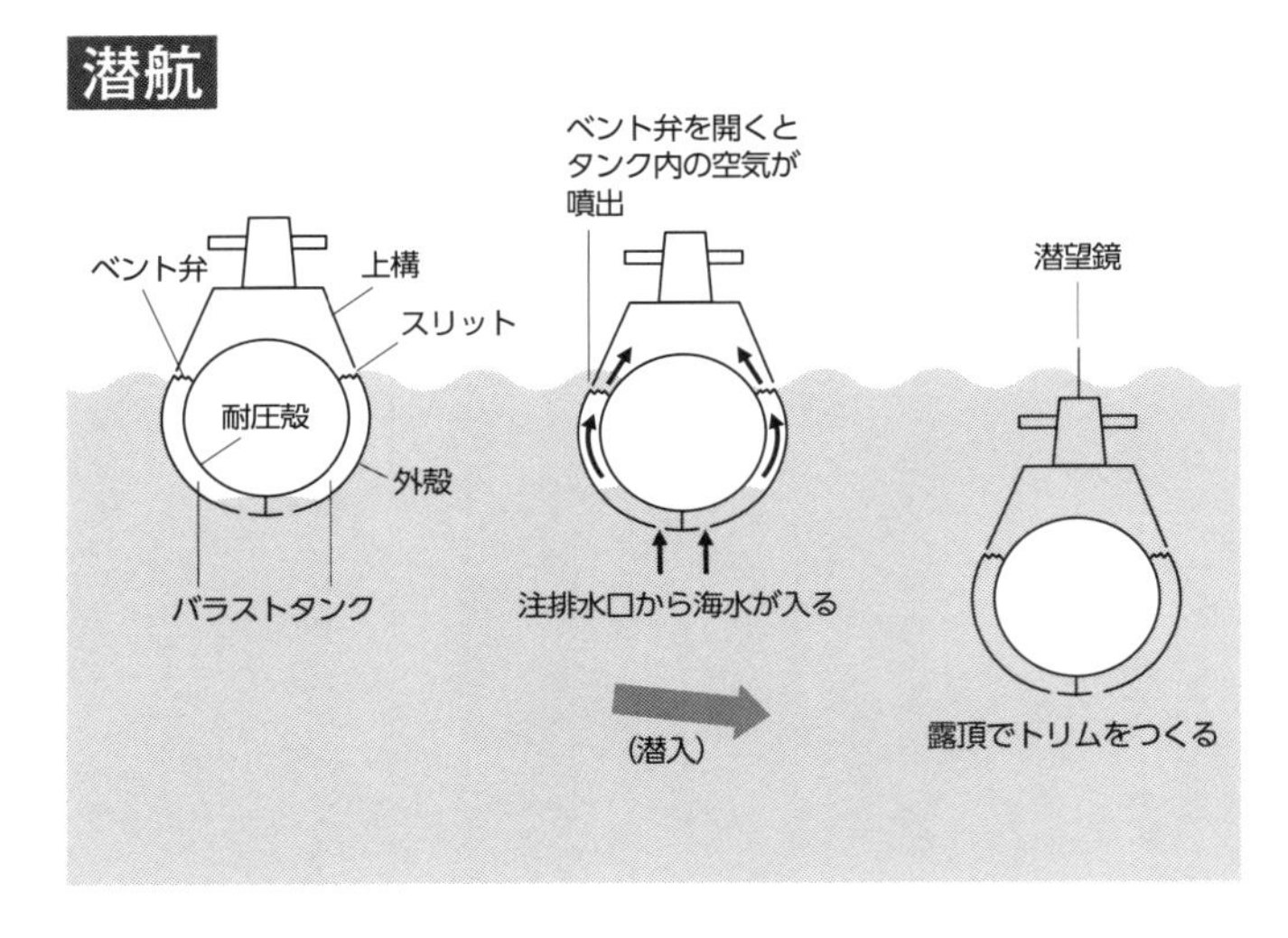

浮上

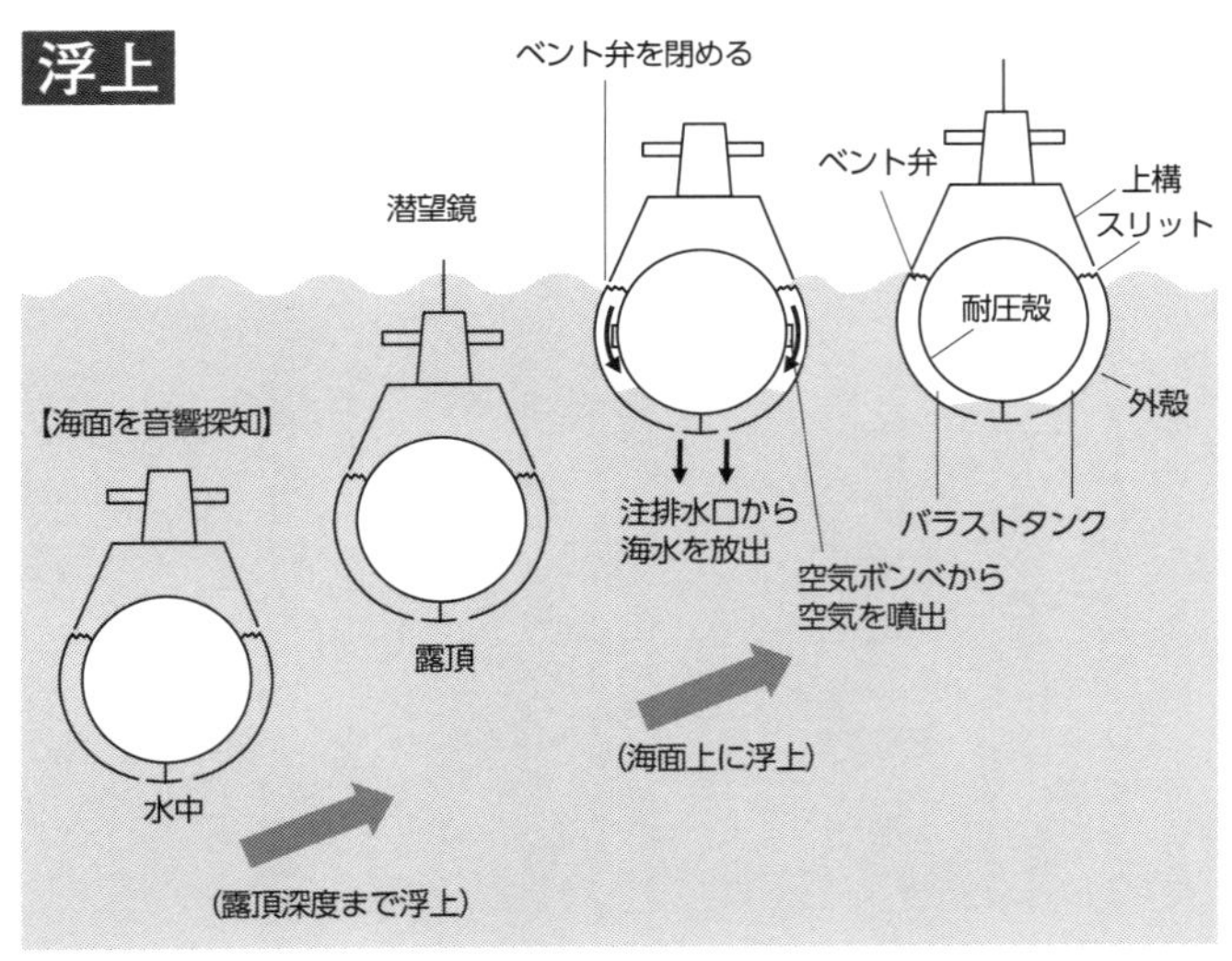

しかし、潜航中はほかの船舶からはほとんど姿が見えなくなってしまい、事故の危険性が高くなるので速く潜るに越したことはないのです。

潜水艦と潜水調査船、どんな違いがある？

潜水艦は戦闘に使用されることを前提につくられた軍艦の一種ですが、潜水艦以外にも海中に潜ることのできるフネは存在します。

たとえば、日本の国立研究開発法人海洋研究開発機構がもつ有人潜水調査船「しんかい６５００」は、その名のとおり最大６５００メートルも潜ることが可能です。潜水艦の潜航深度が数百メートルから、せいぜい１０００メートルであることを考えると、けた違いの潜航深度ですが、これほどまでに差があるのは「しんかい６５００」のような小型の潜水調査船と潜水艦では用途が異なるからです。

潜水調査船は目標深度まで潜ったら、あとは浮上するだけの単調な動きしかしません。メインバラストタンクのような大型の装置は必要なく、かわりに船底に「バラスト」という重りを取り付け、このバラストを切り離すことで浮上します。潜水艦のように、深度をひんぱんに変えるようなことは求められないのです。

潜水艦は、3次元を自在に動ける機動性、主に音による探知を防ぐ隠密(おんみつ)性、先に敵を探知する探知能力、搭載できる武器の種類や量といったありとあらゆる性能を天秤(てんびん)にかけ、最終的に求められる能力以外を切り捨ててつくられます。一方、潜水調査船は最大潜航深度のみに絞ってつくられています。

それゆえ、単に速力や最大潜航深度だけを見て潜水艦の優劣をつけることはできないのです。

原子力潜水艦と通常型潜水艦、どんな違いがある？

潜水艦の動力は、大別して原子力とそれ以外の通常動力に分かれます。原子力で動く潜水艦を「原子力潜水艦＝原潜(げんせん)」と呼び、通常動力で動く潜水艦を「通常型潜水艦」、あるいは「通常動力型潜水艦」と呼びます。日本が保有している潜水艦はすべて通常型です。

通常型潜水艦の動力は主にディーゼルエンジンによって発電し、その電気で蓄電池に充電、そこからモーターを回して動く仕組みになっています。

自動車や水上を走る船だとエンジンが直接の動力となりますが、潜水艦はそうはいきません。ディーゼルエンジンなどの内燃機関(ないねん)はガスの燃焼に空気の補給と排気ガスを外に出す、すなわち給排気を行なう必要がありますが、海中ではそれができないからです。そのため、通常型潜水艦は海上でディーゼルエンジンを回せるときにエンジンを回して充電を行ない、ためた電気でモーターを駆動（くどう）して海中を進みます。

充電がなくなると動力を失うため、浮上してエンジンを回さなければならないのが通常型潜水艦の最大の弱点です。もっとも、完全に浮上して水上航行を行なうと敵艦に発見されてしまうので、船体は水没したまま「スノーケルマスト」という給排気弁を海上に上げることで充電を行なうことができます。

これがなかなかの優（すぐ）れモノで、先端に「頭部弁」という弁がついています。海水がかかると自動的に弁が閉まるので、海が多少荒れていても、海水が艦内に入ることなく空気の入れ替えができるのです。

浮上しなくても充電できるというのは大きな強みですが、定期的にスノーケルを行なって充電する必要があるのは、通常型潜水艦の泣きどころです。

海上自衛隊の「たいげい」型。日本が保有する潜水艦はすべて通常型

スノーケル中の給排気のメカニズム

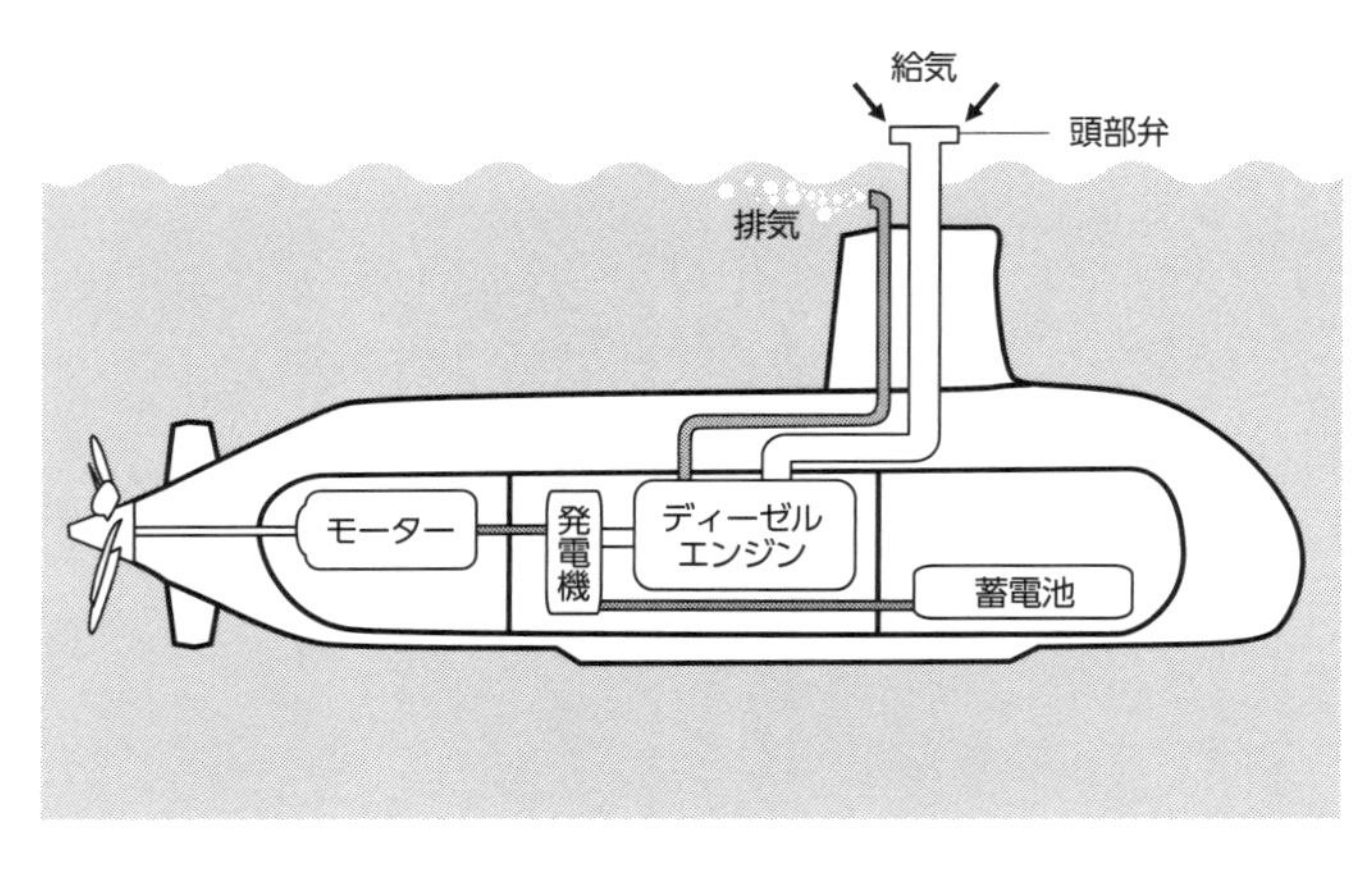

スノーケルはすぐに撤収できますし、敵艦からも発見されにくいのですが、あくまでそれは船体を完全にさらした水上航行と比較した場合の話です。

スノーケル使用時は水上艦等のレーダーにひっかかりやすく、何より大量の煙が出るのでとても目立ちます。私も演習中にスノーケル中の潜水艦を発見したことがありますが、想像以上に見つけるのが簡単でした。

一方、原子炉は給排気を必要としないため、半永久的に潜航が可能です。たとえるなら、通常型がクジラ、原潜が魚のようなものでしょうか。

クジラは海中生物ですが、人間と同じ哺乳類で肺呼吸をしますから、永遠に海中で息を止めておくことはできず、数十分おきに海面上に出て呼吸をしなければなりません。対して魚はエラ呼吸なので、海中にあっても呼吸が可能です。

また、通常型潜水艦は給排気の際、乗員のためにも酸素を取りこむ必要があります。さらに、電力や船体容量に限りがあるため、海水を真水に変える造水能力もたいしたことがありません。一方、原潜は原子炉からエネルギーを得て、海水を蒸発させることで真水をつくることができます。真水を電気分解することで酸素をつくることも可能です。そうした点でも、原潜は通常型に比べて行動の制約が少なく、長期にわたって活動できるのです。

現代の潜水艦に課せられている役割とは

動力で分類すると通常型と原潜に分けられると説明しましたが、役割によっても分類することができます。現代における潜水艦は大雑把（おおざっぱ）に分けて2種類あり、それが「攻撃型潜水艦」と「戦略ミサイル潜水艦」です。

攻撃型は直接戦場に出向き、敵の水上艦や潜水艦と戦うのが役目です。そのため魚雷や対艦／対地ミサイルのほか、機雷などの武器を装備しています。

一方の戦略ミサイル潜水艦は、危険な海域には赴（おもむ）きません。船体の多くのスペースをミサイルに割（さ）いているため、攻撃型と比べて大型で鈍重（どんじゅう）。申し訳程度の自衛はできますが、敵の水上艦や哨戒機が飛び交うような危険海域での作戦行動にはそもそも向いていないのです。よって、安全な自国沿岸海域から離れることはなく、ここから敵に向けて弾道ミサイル（核兵器）を発射するのが主な任務となります。

アメリカは戦略ミサイル潜水艦「オハイオ」級から核兵器を撤去し、かわりに巡航ミサイルを搭載した巡航ミサイル潜水艦改良型「オハイオ」級を所有していますが、搭載している兵装が異なるだけで、船体は同じものです。

攻撃型も10～20発程度の巡航ミサイルを発射可能ですが、巡航ミサイル潜水艦は水上艦を含めて米海軍の保有する艦艇でもっとも多い１５４発の巡航ミサイルを搭載することができるほか、特殊部隊ＳＥＡＬｓ（シールズ）を潜没（せんぼつ）したまま輸送できる「ドライデッキシェルター」も装備しています。

このように、ひとくくりに「潜水艦」といっても、艦によって能力や役割、活動する任務海域が異なるのです。

一般的に、射程数百キロメートル程度の短距離弾道ミサイルであれば通常弾頭が用いられますが、射程５５００キロ以上の大陸間弾道ミサイル（ＩＣＢＭ）は基本的に核攻撃専用。最近では弾道ミサイルの命中精度も巡航ミサイルに近くなってきてはいますが、命中精度の低さを補（おぎな）い、高いコストに見合う成果を上げられるように、大陸間弾道ミサイル級の長距離弾道ミサイルには核弾頭が搭載されるのです。

補給型に輸送型…消えたユニークな潜水艦

現在でこそ、攻撃型と戦略ミサイル潜水艦の2種類に大きく絞られましたが、ここに至るまでの潜水艦の歴史ではユニークな艦種が多く生まれました。

たとえば、味方の艦艇に燃料や弾薬、食料などの補給を行なう「補給型潜水艦」や、陸上に物資や兵士を送り届ける「輸送型潜水艦」です。船や航空機と違い、潜水艦は敵の監視をかいくぐることができるので、敵勢力圏下にある海域においても補給や輸送が可能となるという特徴を活かしたのです。

また、水上機と呼ばれる、海上で離着水可能な航空機を搭載・運用できる潜水空母なども存在しました。

日本海軍の巡潜乙型潜水艦の6番艦「イ25」は、1942年6月にアメリカ西岸のオレゴン州に砲撃を加えており、これは1812年～1815年の米英戦争以来、約130年ぶりにアメリカ本土が直接的に攻撃を受けた事例です。当時の潜水艦は水上航行を主とし、必要なときだけ潜航するものでした。そのため、大砲も搭載していたのです。

このイ25は零式小型水上機も搭載しており、同年9月には2度にわたってオレゴン州の森林に焼夷弾を投下し、火災を発生させたといわれます。

また、イ25よりさらに大型の「イ400」型潜水艦は、太平洋を横断してアメリカ本土を空襲可能な能力をもっており、太平洋と大西洋を結ぶパナマ運河を攻撃する計画もあったといいます。

ちなみに「イ400」は全長122メートル、基準排水量が3530トンもある当時世界最大の潜水艦でした。海上自衛隊の最新鋭潜水艦「たいげい」型ですら、全長84メートル、基準排水量3000トンですから、通常型潜水艦のなかではかなり大きな部類に入ります。

しかしながら、輸送型／補給型潜水艦は効率において水上の艦船に大きく劣り、潜水空母は航空機を飛ばすことはできても回収することができないといった欠点がありました。

結果として、これらユニークな潜水艦は現在では姿を消しています。しかし、こうした試みがあったからこそ、現代の潜水艦が誕生したともいえるでしょう。うまくいかないことがわかったのですから、けっして無駄なことではなかったのです。

〝海の忍者〟潜水艦の強みと弱点

潜水艦の強みは、何といっても「隠密性＝見つからない」ことです。水上艦と違って海中にいるため、目視で発見されることはなく、現代戦における「目」となるレーダーも海中では使うことができません。昨今では、航空機・水上艦のいずれもレーダーに映りにくいステルス性を重視していますが、潜水艦は最初から究極のステルス性を有していたことになります。まさに〝海の忍者〟とも呼ぶべき存在であり、潜水艦の待ち伏せを受けると一方的に攻撃されてしまいます。

待ち伏せ以外にも、隠密性を活かして自国周辺海域で哨戒をしたり、敵の勢力圏下に侵入して偵察したり、機雷を敷設（ふせつ）したり、対地ミサイルで陸上の敵を攻撃するといったことも可能です。先述したアメリカの巡航ミサイル潜水艦「オハイオ」級のような装備を保有している潜水艦なら、敵勢力圏下にある陸上に特殊部隊を送りこむこともできます。

このように、潜水艦は非常に強力な艦種ですが、裏を返せば隠密性に特化したフネでもあります。発見されると途端に弱くなるのが最大の弱点で、隠密性を最優先するためにほかの能力を犠牲にしているのです。

まず、潜水艦は旋回（せんかい）性能（小回り）や速力において水上艦に劣るため、敵に追われたら逃げ切ることができません。とくに航空機相手だと非常に不利になります。

現代では、航空機の対潜能力が飛躍的に向上し、潜水艦の捜索を主任務とする哨戒機なども多数存在します。潜水艦は全速力で逃げても20ノット（時速約37キロメートル）程度、対して航空機は艦載ヘリ（SH－60J）で139ノット（時速約257キロ）、陸上から飛んでくる固定翼機（P－1）だと450ノット（時速約833キロ）にもなります。

ちなみに、ノットとはフネの速力を表す単位で、国際的に使われています。1ノーティカルマイル（NM：海里）を1時間で進む速さが1ノットです。1ノーティカルマイルは緯度の1分と同じで、メートルに換算すると1852メートルになります。なぜ、メートルではなくノットが使われるのかというと、航海に使用する海の地図＝海図は緯度経度で描かれているため、メートルよりもノットのほうが便利だからです。

そして何より、ほとんどの潜水艦は対航空機用の武器を装備していません。仮に装備していたとしても、航空機への攻撃は自艦の位置を知らせることになるので、意味がないのです。

また、艦隊を組んで行動する水上艦に対して、潜水艦は単独行動が基本となります。通信のための電波を出せば逆探知で敵に発見されてしまうだけでなく、隠密性が災いし、味方のフネの位置もわからなくなるといったことがその理由です。

潜水艦1隻の戦闘力は非常に高いですが、つねに味方がいない状況下での戦いを強いられます。水上艦側は複数隻＋多数の航空機を対潜戦に投入できるのに対し、潜水艦は自艦1隻のみで多数を相手にしなければなりません。

そのほか、水上艦であればあえて姿をさらし、存在をアピールすることで相手を抑止することもできますが、隠密性を失うと何もできなくなる潜水艦では同様のことは不可。端的にいえば、水上艦は器用貧乏で何でもできるかわりに潜水艦に弱く、潜水艦は隠密という一芸に特化する半面、汎用性で水上艦に劣ります。

逆に水上艦は、1対1の戦闘で潜水艦に勝つことはできませんが、複数であればさまざまなことが可能です。対空戦・対水上戦・対潜戦と何でもござれですし、強力な対空兵装をもっている水上艦が展開している海域には、哨戒機も近寄れません。

また潜水艦と違い、水上艦は高い輸送能力を有しているので、輸送艦という陸上戦力の輸送を行なうことを目的につくられたフネなら数百人の人員、戦車や装甲車、トラックなどの車両さえ運ぶこともあります。さらに、海上自衛隊の護衛艦の多くはヘリの搭載、発着艦能力をもつため、警戒・監視任務にも向いています。

水上艦対潜水艦の訓練では潜水艦が勝つことが多いので、仮に海上自衛隊の任務が他国の艦艇との艦隊決戦のみであれば、潜水艦戦力を重点的に強化してもよいのですが、その任務は多岐にわたります。潜水艦だけでは、それらに対応できないのです。

水上艦と潜水艦どちらにも長所と短所があり、どちらが優れているということではないのです。

かつて潜水艦は、長くは潜れない「可潜艦」だった

第1次・第2次世界大戦では、多くの艦船が潜水艦によって沈められましたが、この頃までの潜

水艦は蓄電池の性能が現在よりも低く、通常の潜航で半日〜1日、ほとんど動かなかったとしても2日くらいしか潜っていられませんでした。

そのため、目視で見つかりやすい日中に潜航し、夜間は水上航行して蓄電するという使い方をしていました。水上航行している時間のほうが長いため、船体の形も水上艦に近いものでした。

戦後は数か月も潜ったままでいられる原潜が登場したほか、通常型潜水艦の性能が上がり、スノーケルも一般的になったことで潜航時間が延びていきます。船体の形も水中での運動性能を重視したものに徐々に変化していきました。現在では、出港・入港時や味方の水上艦との会合時など一部を除いて、潜水艦はつねに潜航したままで行動するようになっています。

戦前の潜水艦は「潜ることはできるけれども、一時的にしか潜水できないフネ＝可潜艦」とでも呼ぶべきものでしたが、今では潜水している状態が当たり前の、文字どおりの「潜水艦」へと進化したのです。

海上自衛隊の潜水艦は、何隻で運用されている？

海上自衛隊の任務部隊は、自衛艦隊を頂点としてその隷下(れいか)に水上艦部隊の護衛艦隊、航空機部隊の航空集団、そして潜水艦部隊の潜水艦隊などの部隊が所属しています。

現代戦では統合運用が求められます。統合運用には2つの意味があり、1つは陸海空の各戦力が各個に動くのではなく、頭を1つにしてまとめて動かすという意味。もう1つは、状況に応じて統合任務部隊を編成するという意味になります。

昔の戦争では艦隊などの部隊をまとめて動かしていましたが、そうすると戦力に過不足が出るなどして柔軟な対応ができません。そこで「フォースユーザー」と「フォースプロバイダー」という役割が生まれました。

フォースユーザーとは戦力を使用する指揮官。そして、訓練などを行なって練度を維持し、フォースユーザーに対して戦力を提供するのがフォースプロバイダーの仕事です。これにより、必要に応じて適切な戦力を過不足なく集めることが可能になり、柔軟な編成を迅速に組むことができるようになりました。

誰がフォースユーザーとなるかは対処する事態によって異なりますが、陸海空3つの自衛隊の最高位自衛官である統合幕僚長、あるいは2025年3月下旬に新設された統合作戦司令官がフォースユーザーとしてはもっとも位が高く、実際に現地部隊を直接指揮するのは陸上自衛隊の陸上総隊司令官・各方面総監、海上自衛隊の自衛艦隊司令官・各地方総監、航空自衛隊の航空総隊司令官などです。

潜水艦隊司令部は神奈川県横須賀市にありますが、その隷下に広島県呉市にある第1潜水隊群、横須賀市にある第２潜水隊群があり、実任務につく潜水艦だけで22隻体制をとっています。そのほか、練習潜水艦が２隻、試験潜水艦が１隻あるため、海上自衛隊全体だと25隻の潜水艦が存在していることになります（隻数はいずれも２０２４年時点）。

海上自衛隊は、希少な「潜水艦救難艦」も保有している

海上自衛隊は２隻の潜水艦救難艦も保有しています。潜水艦救難艦とは、潜水艦が浮上できなくなった際に潜水艦乗員を救助するための水上艦で、潜水艦乗員が命をつなぐ最終手段ともいうべき存在です。

幸運なことに海上自衛隊の歴史において、このフネが潜水艦救難に用いられたことはありません。しかし、他国の海軍では潜水艦事故がたびたび起きています。

たとえば、２０００年に起きたロシア海軍の原潜「クルスク」の沈没事故です。水中発射型ミサイルの発射訓練に際して爆発が発生し、同艦は深度１０８メートルの海底に沈み、浮上できなくなりました。

自力での救難ができなかったロシアに対し、アメリカ・イギリス・ノルウェーが支援を申し出ましたが、軍事機密の流出を懸念したロシアはそれを拒否したため、乗員１１８人は全員帰らぬ人と

なりました。

同様のことが海上自衛隊で起きない保証などありませんから、潜水艦救難艦は乗員の安全を守り、士気を保つうえでも重要なフネなのです。

潜水艦を保有している国も多くありませんが、潜水艦救難艦までもっている国はさらに少なくなります。海上自衛隊が2隻もっているなら、世界最強最大の米海軍はさぞかし多くの潜水艦救難艦をもっているのでは？　と思うかもしれませんが、現在のところ米海軍には潜水艦救難艦は配備されていません。

その理由はといえば、日本周辺でしか活動せず、潜水艦22隻体制の海上自衛隊なら潜水艦救難艦は2隻でも足りますが、世界中に展開し、70隻以上の潜水艦を運用する米海軍では潜水艦救難艦がいくらあっても足りないからです（潜水艦救難艦は速力よりもその場に留(とど)まる能力を重視しているため、足が遅いという弱点もあります）。

海上自衛隊の潜水艦救難艦「ちよだ」

ただし、これは米海軍が潜水艦乗員の命を軽く考えているから、というわけではなく、運用思想の違いによるもの。米海軍は足の遅い母艦（潜水艦救難艦）を用いるのではなく、小型の救難艇を別の潜水艦に搭載し、動けなくなった潜水艦から乗員を救出するという手法を用いています。小型の救難艇であるため、航空機で運ぶことも可能です。

とはいえ、この救難艇を使用するにも潜水艦が必要なため、たくさんの潜水艦を運用している国でなければ真似できません。

このほかにも、米海軍は潜水艦の救難に使用する設備、潜水艇やその揚げ降ろしに使うクレーン、潜水艦乗員の減圧治療に使うカプセルなどをユニット化し、ある程度の広さの甲板をもつ船に運んで24時間程度で組み立てて使う救難法を運用しています。これだと、空輸する時間＋24時間で即席の救難艦ができあがるため、画期的なシステムといえるでしょう。

では、海上自衛隊がなぜ米海軍の救難システムを採用しないのかというと、組織としてのサイズや行動範囲が違いすぎるうえ、現場に到着してからの救難能力では潜水艦救難艦のほうが上だからです。

米海軍の小型救難艇（ＳＲＤＲＳ）の最大潜航深度６１０メートルに対して、海上自衛隊の深海救難艇（ＤＳＲＶ）は１０００メートル以上ともされ、少なくとも海上自衛隊のもついかなる潜水艦の潜航深度よりも深く潜ることが可能といわれます。

そして、浮上できなくなった潜水艦乗員を救う際には、潜水艦の脱出ハッチと結合して乗員を救難艇に移乗させる「メイティング」を行ないますが、一度に収容できるのは十数名なので、全乗員を救出するには複数回のメイティングが必須。そうなると、その場に留まる能力が求められます。普通のフネでは難しいのですが、潜水艦救難を主目的につくられた潜水艦救難艦はこれが得意なのです。また、救難艇による救助のほか、深海で人を潜水させる（飽和潜水といいます）ことも可能で、海上自衛隊では450メートルまで潜ったことがあります。

各国海軍のもつ潜水艦戦力がどの程度かを測るうえで、つい潜水艦の保有数にばかり目が行ってしまいますが、世界的にも希少な潜水艦救難艦を2隻も有し、飽和潜水すら可能な練度を維持しているというのは驚異的なこと。海上自衛隊の潜水艦隊は、世界有数の潜水艦戦力なのです。

海上自衛隊の潜水艦は、どんな任務に従事している？

伝統的な海上戦力の役割は「制海」にあります。制海とは、味方のみが海を自由に使うことができ、敵にはそれを許さないこと。「制海権」とは制海を維持している状態です。

文字どおり、海を制することですが、海軍＝海上戦力はそのために生まれました。ヨーロッパのほぼすべてを手中に収めたフランスのナポレオンがイギリスに侵攻できなかったのは、イギリス海軍が制海権を握り、イギリスに至る唯一（ゆいいつ）の道である海の使用を許さなかったからです。

潜水艦が登場する前の時代において、制海権を握るための最善の手段は敵艦隊撃滅を目的とした主力同士の戦闘＝艦隊決戦に勝利することでした。ところが、潜水艦が海上戦力の主力の一端（いったん）を担（にな）うようになると、艦隊決戦に勝利することがかならずしも制海権の獲得に寄与（きよ）しないどころか、制海権という言葉の定義さえも揺るがすことになります。

なぜかというと、潜水艦は海中に潜（ひそ）むという特性から、敵勢力圏下にある海域においても単独行動ができるからです。そうなると、敵水上艦部隊を撃滅できたとしても、潜水艦がいる限り、その海域を自由に、安全に使えるとは限りません。潜水艦は水上艦と違って姿を現さないので制海権を維持するのには向きませんが、その一方で、ただ存在するだけで敵に制海権を渡さない兵器でもあるのです。

そして潜水艦は、前線に出てきて戦わずとも、敵の前線の後ろにあるシーレーン（海上交通路）を脅（おびや）かすことができます。

第2次世界大戦で、日本はアメリカ相手に太平洋を主戦場として戦いましたが、日本海軍が日本近海に迫（せま）ってくる水上艦隊の勢力を減らす漸減（ぜんげん）要撃に潜水艦を用いたのに対し、米海軍は非戦闘艦である商船を対象とした通商破壊に重きを置きました。

漸減要撃は艦隊決戦の前に主力を少しでも減らそうとするものですから、艦隊決戦によって制海権を得ることを目的にしていますが、通商破壊は海軍ではなく、国家そのものの継戦能力を削ぐのが目的です。

第1次・第2次世界大戦より前の戦争は軍隊が戦場において戦い、その結果によって勝敗が決していました。そのため、軍隊を打ち破ることが重視されましたが、世界大戦は軍事力だけではなく経済力や科学力・技術力・政治力・思想など国家の総力を挙げた国家総力戦という形態に変化していきます。

こうなると、攻撃の対象は軍隊のみではなくなります。通商破壊はまさに国家総力戦のなかで敵国の経済を破壊するもので、日本の商船の約6割が米海軍の潜水艦によって撃沈されてしまいました。視覚的にはB－29爆撃機の戦略爆撃が日本に巨大なダメージを与えたように見えますが、石油や鉄鉱石、ボーキサイト、ゴムといった資源を海外からの輸入に頼っていた日本にとって、これらを運ぶ商船を破壊されたこともまた、巨大なダメージとなったのです。

四方を海に囲まれた日本にとって、海こそが唯一の「道」であることは今も昔も変わりません。今日の日本はトン数ベースだとじつに99パーセントの輸入品が海を通じて入ってきています。シーレーンを守ることは、国を守るうえで重要な使命。そして、潜水艦がこのシーレーンを脅かす存在であることを日本は身をもって体験しているのです。

日本がアメリカと同盟関係を続けてきた冷戦期にあっては、ソ連の水上艦部隊の相手は米海軍に任せ、海上自衛隊は潜水艦相手の戦いを担っていました。シーレーンを脅かす潜水艦は日本にとって大きな脅威であったため、伝統的に対潜戦を重視してきたのです。

水上艦は潜水艦に対して不利なため、潜水艦に対しては同じ潜水艦をもって対抗するという考え方を海上自衛隊はとっています。一方で、水上艦を相手にすることも想定し、その訓練も行なっています。

潜水艦は隠密性が命なので、その行動が公（おおやけ）になることはありませんが、ふだんは日本周辺海域の警戒監視のほか、必要があれば近隣国の海軍艦艇に接近し、偵察任務に従事することもあります。日本の海を、そして国家を守るために人知れず暗い海の底に潜んでいる――それが海上自衛隊の潜水艦なのです。

2 潜水艦の戦い、勝敗を分けるのは何か

暗闇の世界での目標探知は、音だけが頼り！

潜水艦には窓がなく、外を目視で確認することはできません。水上航行中であれば「艦橋」というセイルのてっぺんに上れば周囲が見えますし、だからこそ艦橋で操艦（クルマでいう運転のこと）を行ないます。

海面上や空で戦う護衛艦や航空機であれば、レーダーという電波を発し、その反射波を捉えることで遠くの目標をすばやく探知することができますが、水中では電波が減衰してしまうため、レーダーを使うことができなくなります。

では、どうするかというと、音を使います。潜水艦には「ソーナー」という、音を使って周囲を探る装置がついています。「ソナー」という呼称のほうが一般的になじみ深いでしょうが、海上自衛隊ではソーナー（SONAR：Sound Navigation and Ranging）と伸ばしますので、本書ではこちらを使用します。

ソーナーには、こちらから音を発振し、その反射音を捉えて目標を探知する「アクティブソーナー」と、目標から発生する音だけを頼りに探知する「パッシブソーナー」の2種類があります。

基本的に、海上自衛隊の潜水艦はアクティブソーナーを装備していません。今後装備するという報道もありましたが、少なくとも戦闘においてアクティブソーナーを使うことはありません。なぜなら、アクティブソーナーはみずから音を発振する装置。つまり、自分の位置も相手に捕捉（ほそく）されてしまう装置だからです。

では、なぜアクティブソーナーがあるのかというと、水上艦が使うからです（原子力潜水艦など他国の潜水艦も、状況次第で使うことがあります）。水上艦が使うなら潜水艦も使えばいいのでは？　と思うかもしれませんが、位置を捕捉されても問題のない水上艦とは異なり、潜水艦の最大の武器は隠密性（おんみつせい）にあります。だからこそ潜水艦、とくに海上自衛隊の潜水艦は、潜航中はパッシブソーナーのみで周囲の状況を確認するのです。

簡単にまとめると、精度が高く、音を出さない目標を探知できるかわりに、自身の出す音によって逆に探知されやすいのがアクティブソーナー。そして、精度が低く、音を出す目標しか探知できないかわりに、探知されにくいのがパッシブソーナーとなります。

アクティブソーナーは音の反射波を捉えるので、反射音が返ってくる方位と時間から目標の位置がわかりますが、パッシブソーナーは一方的に聞いているだけなので、方位はわかっても距離はわかりません。

では、どうやってパッシブソーナーのみで目標の位置を探知するのでしょうか。

パッシブソーナーには複数の受波器がついており、２つ以上の受波器で音波を探知することで１

パッシブソーナーとアクティブソーナーの違い

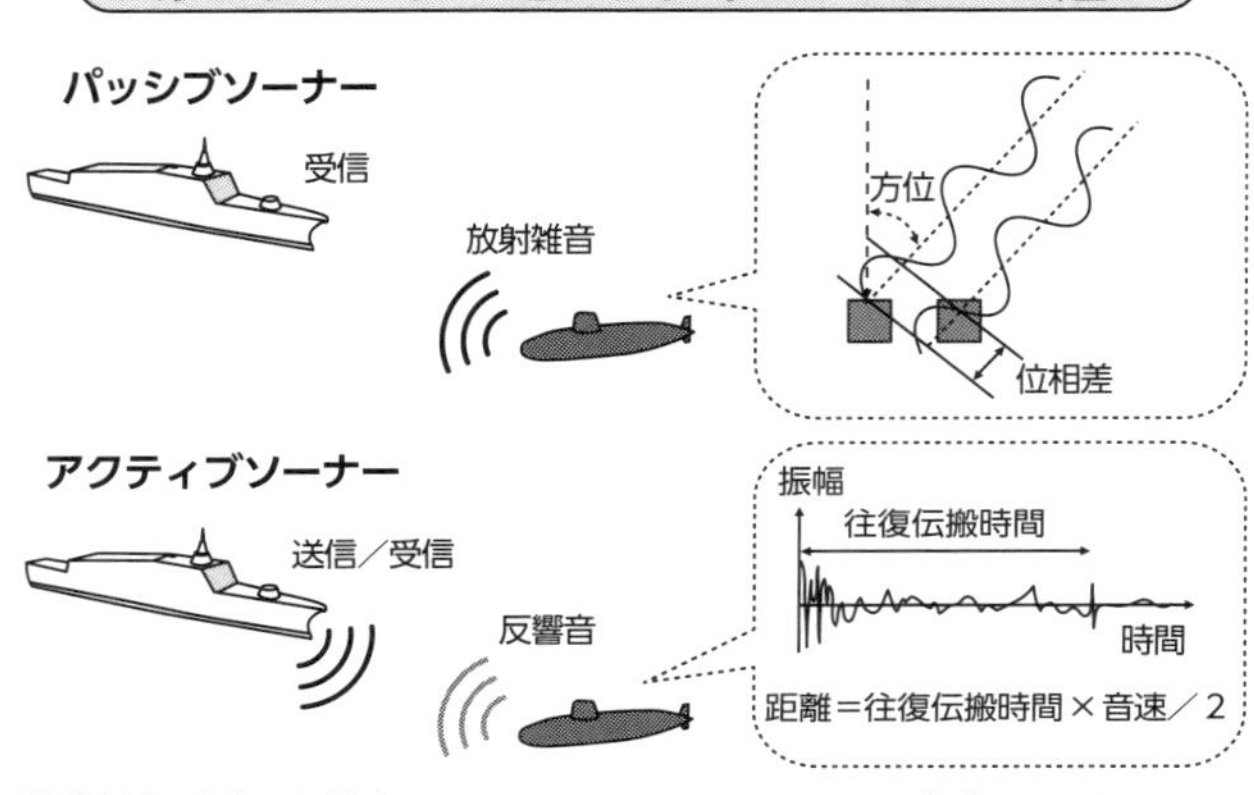

※潜水艦を目標とした場合　　出典:NECホームページ

つの音波のズレを感知し、そこから音源までの距離を算出することで位置を把握する仕組みになっています。

ソーナーで探知できるといっても、探知した目標が潜水艦かどうかはこの時点ではわかりません。すぐに攻撃すればよいのではなく、「類別」という手順を踏む必要があります。類別とは、ソーナーで得られた情報から目標の種類や状態を判定すること。ここでどのくらいの確率で潜水艦であるのかを確認します。

確率といっても、「何パーセント」というような言い方をするのではなく、段階によって呼称が異なります。この段階を上げていくために、目標の針路や速力、プロペラの回転音などがあるかどうかといったあらゆるデータを集めて分析します。当たり前ですが、敵であれば自艦を沈めようとしてくるので、ここでもたついていたら先制攻撃をされ、沈められてしまいます。

ただし、どれほどソーナーで解析したところで、目標を「潜水艦間違いなし」と断言することはできません。探知した目標が潜水艦の特性をかなり有していたとしても、ソーナーでは目標そのものが見えるわけではないので、潜水艦の一部または全部を目で見て確認するまでは、潜水艦かどうか断定できないからです。

最近のソーナーは非常に高性能になっていますが、そうはいっても音による探知は不確実性が高いものです。それでも音に頼らざるを得ない暗闇の世界が、潜水艦のフィールドなのです。

対潜戦の勝敗は、戦う前の準備でほぼ決まる

音というのは、電波と違って厄介(やっかい)な性質をもっています。音速の低い方向へ曲がるという性質があり、しかも音速は海水密度の影響を受け、海水密度は海水温度、塩分濃度の影響を受けるという無限連鎖なのです。

自然というものがこれまた厄介で、塩分濃度や海水温度が一定ではありません。太陽光が届かないことだけを考えると、水深が浅いほうが海水は温かく、深くなるにつれて冷たくなるはずなのですが、ある一定の深さからは温かくなったり、再び冷たくなったりすることもあります。海水温度や塩分濃度によって海水密度が変わり、それによって音の伝わり方も変わるので、さあ大変！　というわけなのです。

音の伝わり方を含む海水の状態のことを「水測状況」と呼びますが、音の伝わり方が一定でないため、音の届くところと届かないところができてしまいます。

この音の届かないところを「シャドウゾーン」などと呼び、このシャドウゾーンをうまく使って隠れたりするのが潜水艦戦術のコツとなります。しかし、シャドウゾーンのでき方は千差万別。かなり遠くの音が聞こえることもあれば、至近距離の音が拾えないこともあります。そのため、作戦海域の水測状況を正確に把握することが第一に求められます。

海洋観測艦（46ページ参照）などがあらゆる海域のデータを観測・収集し、そのデータはまとめられて各艦に配布されます。潜水艦が行動する際、あるいは水上艦が対潜戦を行なう際には、ソーナーを使用する海域の環境条件、予想される目標（敵艦）の諸元（しょげん）、探知距離、被探知距離、そしてソーナーが最大の性能を発揮する運用条件などを事前に予測しておかなければなりません。これを「水測予察（よさつ）」、あるいは「ソーナー予察」などといいます。

水測予察が的確であるほど、自艦は有利に戦えます。戦う前の準備段階が勝敗を分けるのです。

敵か？ 味方か？ 相手の潜水艦をどう特定するか

潜水艦が水上航行中、敵が航空機や水上艦であれば、広い海上であっても目視することが可能です。艦の運転席にあたる艦橋で勤務する航海科や見張り員、幹部などの乗員は艦型識別の訓練などを日頃から行なっており、いざというときにはすぐに見分けがつきます。

しかし、海中に潜(もぐ)った潜水艦相手だとそうはいきません。まかり間違って、味方や非交戦国の潜水艦を撃沈してしまったら目も当てられません。

そこで役に立つのが、フネごとに異なる音の特徴、世間一般に「音紋(おんもん)」と呼ばれるもの。刑事物のドラマや映画に限らず、現実の事件でも犯人を特定するのに指紋が決め手となるように、潜水艦を特定する決め手になるのが、この「音紋」です。

「音」といっても耳で聞いて判断するわけではなく、音の特徴を図にしたものを解析します。フネはエンジンやプロペラのほか、ポンプなどありとあらゆる機器から、それぞれ固有の音を発しています。同じ会社が製造した同じ艦型のフネであったとしても、違いがあるのです。人間の指紋のように音紋を事前に知っておけば、照合することで「相手がどの国の艦なのか」ということがわかるようになります。

とはいえ、この音紋解析もそう簡単にはいきません。照合するためには事前に音紋を収集し、データベース化しておかなければならないからです。

これも、指紋と同じように考えればわかりやすいと思いますが、事件現場で何者かの指紋が採取されたところで、その時点でいきなり「犯人はお前だ！」ということにはなりません。しかし、前科があったりして過去に警察に指紋を採られている人物であれば、データベースと照合することで誰の指紋であるかが判明します。音紋も同様で、音紋を採っただけでは、どの艦かということはわからないのです。

最強の「耳」で音を収集！ 音響測定艦の凄い性能とは

では、どのような方法によって音紋を集めているのかというと、ここで登場するのが「音響測定艦」です。

海上自衛隊では３隻の音響測定艦を保有していますが、その艦影（かんえい）は一度見たら忘れられないような独特な形をしています。胴体が２つあり、半分潜没（せんぼつ）しているような形の双胴艦（そうどうかん）です。ＳＷＡＴＨ（Small Waterplane Area Twin Hull：スワス）と呼ばれ、魚雷や潜水艦を２つつなげたようにも見えます。この音響測定艦がＳＵＲＴＡＳＳ（Surveillance Towed Array Sonar System：サータス）という曳航（えいこう）式のソーナーを使って潜水艦の音紋を測定、収集します。

海中から音を拾うためには、自艦の発生させる雑音、とくにプロペラの回転音からソーナーを遠ざける必要があります。曳航式であれば、自艦のプロペラ音からソーナーを遠ざけることが可能になるのです。ＳＵＲＴＡＳＳの長さは１キロメートルをゆうに超えます。曳航式のソーナーは海上自衛隊の護衛艦にも搭載されていますが、音を収集する専門の艦となれば長さもケタ違いなのです。

また、双胴艦の揺れに強く、低速でも船体を安定させることができるうえ、排水量のわりに広い甲板（かんぱん）をもっているという特性も長大な曳航式ソーナーを運用するのに向いています。

音響測定艦は、航海日数も護衛艦に比べてはるかに長くなります。護衛艦だとせいぜい1～2週間程度の航海で陸地（母港とは限りません）に戻れますが、音響測定艦は低速で長期間走ることが求められるからです。

そのため、長期間の航海に乗員が耐えられるよう、トレーニングルームが通常の艦よりもしっかりと整備されていたり、野菜を自前で育てられるようになっていたりするなどの工夫が艦

海上自衛隊の音響測定艦「はりま」

内の随所(ずいしょ)に見られます。

　また、乗員の休養時間の確保と運用の効率化のために、「クルー制」を採用しています。クルー制は乗員を固定せず、交互に入れ替える運用法で、海上自衛隊では3隻の音響測定艦を4つのクルー（グループ）で動かしています。

　音紋など、対潜戦にかかわってくるデータを取り扱っているのが「海洋業務・対潜支援群」という部隊。彼らが扱うデータは、自衛隊のなかでもグレードが高めな「秘」です。音響測定艦そのものも、一般の方が直接目にする機会はまずないどころか、海上自衛官であっても「一度も乗ったことがない」という人が珍しくないでしょう。

　このように音響測定艦も音響測定艦を運用する海洋業務・対潜支援群も、知名度はそれほど高くなく、地味な存在です。しかし、音紋をはじめとするデータは対潜戦に欠かせない重要な要素。いかに優(すぐ)れた装備をもち、優秀な乗員を配置したとしても、こうしたデータを日々収集し、解析し、使いやすいかたちにして必要なところに配布しておかないと、いざというときに戦うことができないのです。

　音響測定艦と似たような名前の艦に、同じく海洋業務・対潜支援群に所属している「海洋観測艦」があります。こちらは、海底の地形・底質・海流や水質といった自然にかんする情報を収集していますが、やはり目的は対潜戦用です。どちらの艦も非常に重要な任務を帯(お)びています。

海上自衛隊がどれだけ音の収集を重視しているかは、そもそも音響測定艦などという専門の艦種をもつ国がアメリカやロシア、中国などの一部に止まり、世界最大規模の海軍を有するアメリカでさえ、たった5隻しか保有していない、ということからもわかります。

地理的な制約上、アメリカの場合は投入する海域を太平洋と大西洋に二分しなければならないことを考えると、日本近海のみに3隻も投入している日本がいかに対潜戦を重視し、データ収集・分析に余念がないのかがおわかりいただけるでしょう。

ちなみに、これら専門の艦種だけではなく、一般的な護衛艦も航海の際に深度に対する海水温度などを測定しています。海上自衛隊は、組織を挙げて対潜戦に必要な情報を収集しているのです。

敵潜水艦からの探知を避けるための工夫とは

これまで述べてきたとおり、潜水艦の位置は音によって暴露されてしまいます。そして、船体が大型化するほど探知されやすくなります。時代を経るごとに大型化していく傾向にある潜水艦は「いかに音を出さないか」ということに加え、アクティブソーナー（38ページ参照）による探知を避けるための対抗手段を用意する必要があります。

相手からの探知を避ける対策として誕生したのが吸音材です。その名のとおり、音を吸収するものです。そもそも、反射した音波を敵のソーナーが拾わなければ、自艦の位置は探知されません。そのためには、音波というエネルギーを消費させればよいのです。

エネルギーを消費させるためには、音波の振動を他のエネルギーに変換――たとえば熱に変えてしまう方法があります。音波が吸音材に当たると、吸音材によって振動して摩擦が生じることで熱エネルギーに変換されます。これが吸音の仕組みです。音楽室のような防音設備のあるところの壁には細かな穴が開いていますが、あれも音を防音壁のなかに取りこむことで、内部で摩擦を生じさせて熱に変えるためのものです。

ただし、大気中にある防音設備と異なり、潜水艦は海中にいるので周囲に空気はありません。そこで、水中吸音材にはゴムや樹脂といった柔軟性をもつ素材を用います。柔らかい素材が音波を受けるとズレが生じて摩擦となり、熱に変換されるという仕組みです。

しかし、ゴムなどの柔らかい素材は深く潜航すると水圧に押されてしまい、この仕組みが働かなくなってしまいます。そのため、水圧に耐えるように調整してつくる必要があるのですが、この塩梅（あんばい）が秘中の秘。独自の吸音材をつくるノウハウをもっていることが日本の潜水艦が静粛（せいしゅく）性に優れている理由の1つなのです。

ちなみに、海上自衛隊の潜水艦は建造当初はセイルに艦番号、船体後部に艦名が書かれていますが、建造した企業から引き渡されて海上自衛隊の艦艇として就役し、しばらくすると消されてしまいます。これは、隠密性が何より大切な潜水艦としては、どの艦がどの港にいるのかを知られることを避けたいからです。どちらも消されることのない水上艦とは大きな違いです。

このとき、ペンキで書かれている文字を消すだけだと思うかもしれませんが、実際の作業は簡単ではありません。セイルは吸音材に覆われているため、これを傷つけないようにペンキだけを消さなければならないのです。かなりの高い技術と慎重さが求められます。

なお、前々級の「おやしお」型まではセイルと船体の一部にしかついていなかった吸音材ですが、前級の「そうりゅう」型や最新鋭の「たいげい」型では艦の全体が吸音材に覆われています。ここからも、以前の潜水艦に比べて探知されにくくなっていることがわかります。

知られざる水中での戦い❶魚雷攻撃

魚雷とは「魚型水雷」の略称で、弾頭・エンジン・推進機を備えて自走し、フネを攻撃する兵器のことをいいます。

現代の自走式魚雷の原型は、1866年にオーストリア＝ハンガリー帝国が開発したホワイトヘッド魚雷です。明治維新後、近代的な海軍の建設が急務だった日本も早期に魚雷を導入し、日清戦争でも使用されました。当時の海戦の主武器は大砲で、魚雷は大砲よりも射程で大きく劣っていましたが、水中を走る性質上、命中すればフネの弱点である喫水線（船が水に浮いているときに船体と水面が交わる線）下を破壊できる点で優れていたのです。

その後、潜水艦が普及するようになると、魚雷は今日まで主武器として君臨するようになりました。潜航したまま発射できる魚雷は、潜水艦との相性が抜群だったからです。

魚雷の速度＝雷速は変更可能で、遅くするほど射程が長くなり、速くするほど射程が短くなります。時速70キロメートル前後のスピードを出すこともできます。時速１０００キロほども出る対艦ミサイルに比べると遅く感じますが、魚雷が狙う水上艦は時速50キロぐらい、潜水艦だと時速30キロぐらいで航行しているので、このスピードで十分なのです。

現代の魚雷は複数の方法で誘導が可能なため、必要な情報さえ入力し、適切な位置から発射すれば高い確率で命中します。

先端にはソーナーを装備しており、自身で音を発して反射波を捉えるアクティブ方式と、目標の音を聞いて追いかけるパッシブ方式によって目標を追尾することができます。魚雷の種類にもよりますが、アクティブ方式・パッシブ方式の２つの誘導機能を状況に応じて使い分けることが可能です。

魚雷が目標にある程度近づくまでは、潜水艦と魚雷を有線でつないだまま誘導することもできるので、魚雷に狙われると逃げ切るのは困難を極めます。

肝心の威力も「一撃必殺」といっていいほどです。水上艦相手に使う場合は、次のように推移します。

まず、魚雷が船底部分で爆発。すると、高圧の衝撃波とガスバブルが発生し、船体を上方向にへし折ります。発生したガスバブルが収縮すると、今度は下方向に折れた船体が引っぱられます。最後に高圧の水柱が発生し、亀裂の入った部分を吹き飛ばすことで撃沈——上下に揺らしたあとにト

魚雷の命中から撃沈まで

❶水中爆発

艦艇の下で魚雷（機雷）が炸裂。高圧の衝撃波とガスバブルが発生

❷バブル膨張

船体の上部（甲板）が破壊される

❸バブル収縮

船体の下部（艦底）が破壊される

❹バブル再膨張

船体の上部（甲板）が再度破壊される

❺バブルジェット噴出

高圧の水流が、船体の破壊された部位を吹き飛ばす

ドメの一撃が入るわけですが、この現象を「バブルジェット」といいます。

過去の魚雷は船体に直撃させていましたが、現代の魚雷は直接船体に当てるのではなく、船体下の至近距離で爆発し、水圧を利用することで船体を破壊するようになりました。米軍などがときどき、退役した艦船を標的にして魚雷を命中させる訓練を行なっており、その威力を証明しています。

実戦では、１９８２年のフォークランド紛争でイギリス海軍の攻撃型原潜「コンカラー」がアルゼンチン海軍の巡洋艦「ヘネラル・ベルグラーノ」を魚雷で撃沈した例（158ページ参照）、２０１０年に北朝鮮潜水艦の発射した魚雷が韓国の哨戒艦（しょうかいかん）「天安（チョナン）」を沈めた天安沈没事件などがあります。

ちなみに映画などでは、魚雷が発射された瞬間に、攻撃された側のフネが魚雷を発射した潜水艦の位置や魚雷の現在位置・針路・速力などを瞬時に割りだす描写がありますが、現実ではまず不可能です。

魚雷を探知するにはソーナーが魚雷方向に向いていなければなりませんし、水測状況によっては命中するまでわからないこともあり得ます。探知できたとしても、魚雷の航走音から向かってくる方向がわかるだけで、距離や速力を算出するのが間に合わないこともありますし、発射母体である潜水艦本体の位置を特定するのは相当に困難です。

事実、「ヘネラル・ベルグラーノ」と護衛の駆逐艦（くちくかん）2隻は雷撃を受けたあとも「コンカラー」の探知に失敗し、同艦の離脱を許してしまいました。これにより「コンカラー」は軍艦を撃沈した唯一の原潜として知られることになります。

フネにとって魚雷はいつどこから襲ってくるかわからないので避けるのが難しく、当たれば一撃必殺となる恐るべき兵器なのです。

知られざる水中での戦い❷ミサイル攻撃

ミサイルとは「推進力をもち、みずから目標を追尾して破壊することができる飛翔体」のことをいいます。

「推進力をもつ」とは、ロケットやエンジンといったミサイルに取り付けられている仕組みによって飛ぶということ。「みずから目標を追尾する」とは、ミサイル自身が目標を探知・認識して、そこに向かって飛ぶ仕組みをもつということです。

また、命中したところで目標を破壊できなければ兵器としての意味がありませんので、破壊できるだけの威力をもった弾頭も必要です。

簡潔にいえば、ミサイルには目標に届く、目標に命中する、目標を破壊するという3つの能力が求められます。そのため、推進装置（目標に届く射程）・誘導装置（目標に命中する精度）・弾頭（目標を破壊する）の3つをもっていることがミサイルの条件だといえるでしょう。
ミサイルの発射母体は航空機・車両・水上艦から、人が担（かつ）いで発射できるものまでさまざまですが、潜水艦もミサイルを発射する能力をもちます。

1章で説明したように、現代の潜水艦は攻撃型と戦略ミサイル潜水艦に大別されますが、どちらもミサイルを搭載・発射することが可能であり、運用するミサイルが異なるだけです。戦略ミサイル潜水艦は核兵器を運用するために弾道ミサイルをメインとして装備しているのに対し、攻撃型潜水艦は主として対艦攻撃用、あるいは対地攻撃用の巡航ミサイルを使います。

弾道ミサイルは発射後、野球のフライのように高く打ち上げられ、そこから落下する軌道のミサイルです。高高度に打ち上げられる特性上、発射後ただちに衛星やレーダーによって探知されてしまうことが難点ですが、スピードは巡航ミサイルよりはるかに速く、音速の20倍以上もの速度で飛ぶものもあります。

高度が高いほど探知されやすいのは、レーダーが電波を発射し、その反射波を捉えることで目標を探知するからです。電波は基本的に直進する性質を有しますが、球体である地球上では見通し線（遮（さえぎ）るものがなく、直接お互いが見える状況＝自身と目標とを直線で結んだ線）である水平線より遠くには届きません。見通し線は自分あるいは相手の高度が上がるほどに伸びますから、高く飛ぶ目標ほど遠くで探知できるのです。

弾道ミサイルと巡航ミサイルの比較

	弾道ミサイル	巡航ミサイル
特　徴	＊高高度まで打ち上げられたあとに落下する ＊高度が高い	＊航空機のように翼とエンジンによって飛翔する ＊高度が低い
メリット	＊射程が長い（射程数百km〜1万km以上） ＊スピードが速い（射程とスピードは比例。速いもので音速の20倍以上）	＊小型で使いやすく、多くの発射母体に搭載可能 ＊命中精度が高い ＊弾道ミサイルに比べてコストが安い ＊低空を飛び、途中で軌道を変えられるため探知されにくい
デメリット	＊レーダーや衛星などによって探知されやすい ＊大型で搭載できる発射母体が限られる ＊命中精度は巡航ミサイルに劣る ＊コストが高い	＊弾道ミサイルに比べるとスピードが遅い（時速800〜900kmほどのものが多い）
主な種類	アメリカ：ミニットマン、トライデント 中国：DF−41、JL−2など	アメリカ：トマホークなど 中国：YJ−18など

命中精度も巡航ミサイルに劣り、射程が伸びるほどに価格が上がります。もっとも長い大陸間弾道ミサイル（ＩＣＢＭ）ともなると射程１万キロメートルを超えますが、ここまでくるとコストが人工衛星の打ち上げと変わらないほど高くなってしまいます。

巡航ミサイルは弾道ミサイルに比べて低速で、音速に満たないジェット旅客機くらいの速度ですが、かわりに地を這うように低空を飛び、容易に飛行ルートを変えることができる特性をもってレーダーによる探知を避け、高い命中精度を誇ります。とくに移動目標に対して有効なため、対艦攻撃の主な手段として使われます。

ただし、潜水艦がレーダーを使用すると、その電波を逆探知され、位置も暴露されてしまうため、潜水艦が対艦ミサイルを使用する際には味方の哨戒機などが探知した目標の位置情報を司令部などから通信で受けとってから発射するのが一般的です。潜水艦にとって対艦攻撃の主な手段は、あくまで魚雷のままなのです。

日本の潜水艦は１９８６年の「なだしお」（ゆうしお型5番艦）以降、対艦ミサイル・ハープーンを装備しています。潜水艦発射型の対艦ミサイルは魚雷と同じ魚雷発射管から発射され、カプセルに入ったまま水面まで上昇、水面に出て水圧ゼロを感知するとカプセルを切り離してブースターに点火、その後は通常の対艦ミサイルとして目標に向けて飛翔する仕組みです。

水上艦にとって最大の脅威が魚雷であることは依然として変わりありませんが、潜水艦が対地攻撃手段（ミサイル）を手にしたことで潜水艦の脅威度は飛躍的に上がりました。

なお、ミサイルは発射母体と狙う目標によって「地対空」「空対地」などと呼称されます。地上から発射して空の目標（航空機やミサイルなど）を狙うミサイルは地対空ミサイル、空から発射されて地上の目標を狙うミサイルは空対地ミサイルとなります。

また、水上艦・潜水艦から発射されるものは「艦対地」「艦対空」など。フネがフネを攻撃するのであれば艦対艦ミサイルです。

アルファベットの略語では、地対空／艦対空はＳＡＭ（Surface to Air Missile）、地対地／艦対艦はＳＳＭ（Surface to Surface Missile）となります。地上から発射する場合とフネから発射するものがいずれも「Surface」なのは、本質的に地面、高度ゼロから発射する点が同じだからです。

知られざる水中での戦い❸機雷

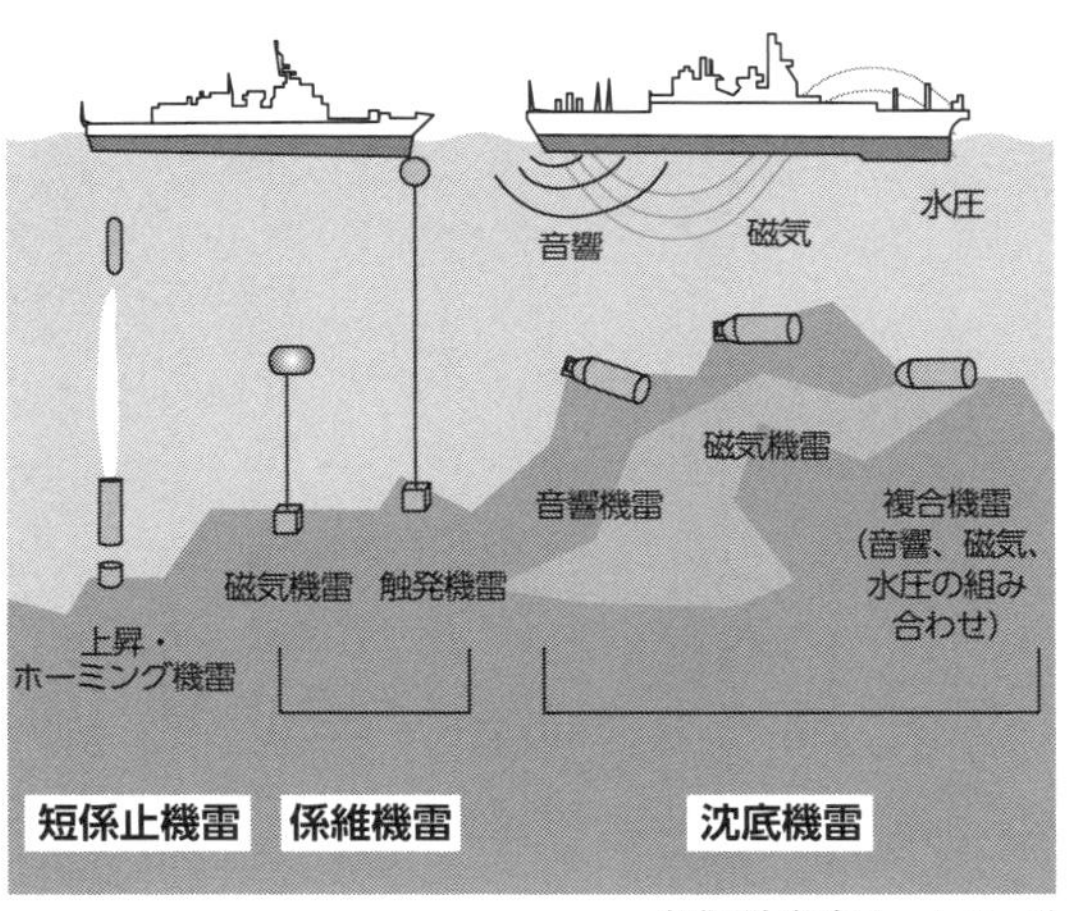

出典:防衛省ホームページ

水中に敷設（ふせつ）され、フネの接近または接触といった自動、あるいは遠隔操作で爆発する兵器を「機雷」といいます。機雷は略語で「機械水雷」が本来の言葉です。

機雷は魚雷と同様にフネにとっては大変な脅威で、威力は種類によってまちまちですが、なかには大型艦を一発で撃沈できる魚雷なみのものもあります。

機雷の恐ろしさは、敷設後は勝手に作動してくれる独立性と、発見が難しい隠密性の高さ。しかも一度仕掛ければ長期にわたって効果を発揮し続けるため、たとえば港湾の出入り口や海峡など船舶の往来が多く、狭いところに仕掛けられると機雷の脅威を取り除かない限り、通過に高いリスクをともないます。

さらにいえば、実際に機雷が敷設されていなかったとしても、その疑いがあるだけで行動を制限されてしまうなど、陸に埋設される地雷と同じような特性をもっているのです。日本も第2次世界大戦の際に敷設された機雷に戦後悩まされることになり、この機雷を除去するための掃海部隊を組織したのが海上自衛隊の原型となっています（194ページ参照）。

機雷は航空機や水上艦艇のほか潜水艦でも敷設することが可能です。潜水艦は隠密性で機雷と親和性が高いため、機雷の敷設も重要な任務となっています。

魚雷やミサイルを発射するメカニズムとは

魚雷・ミサイル・機雷と3種類の武器を紹介しましたが、海上自衛隊の潜水艦ではいずれも魚雷発射管から発射されます。垂直発射装置（ＶＬＳ）を備えた潜水艦も世界には存在しますが、日本にはまだありません。

水上艦であればただ撃てばいいミサイルや魚雷も、潜水艦から発射するのには水中に対応するための仕組みが必要です。魚雷発射管は艦内と艦外、両方に扉がついており、発射する際にはまず艦外の扉を閉じたまま艦内の扉を開き、魚雷等を発射管に装塡（そうてん）します。続いて艦内の扉を閉じ、発射管内に海水を注入するわけですが、このときも艦外の扉は閉じたままです。

では、どこから海水をもってくるのかというと、艦内にあるタンクから海水を注ぎこみます。どうせ海水を入れるなら、艦外の扉を開いてしまえばいいのでは？　と思うかもしれませんが、外から海水を入れると艦の浮力が変化して深度を保持できなくなってしまうため、艦内の海水を用いるのです。

したがって、艦外の扉が開くのは発射するその瞬間。発射後の発射管内には魚雷が出ていった分と同じ容積の海水が艦外から入ってくるので、この海水を艦内のタンクに取りこんで発射完了となります。

このような仕組みによって潜水艦は浮力を損なうことなく、深度を維持したまま魚雷等の武器を発射できるわけです。

「ホバリング」と「沈座」で、潜水艦乗りの技量が試される

2次元でしか動かない水上艦と違い、3次元の立体機動で深さを変えられる潜水艦にとって難しいのが深度保持です。

液体中の物体は液体中における体積に液体の比重を掛けた浮力をつねに受けていますが、海中で

は液体の比重が塩分濃度や海水温度などの影響で変化します。となると、潜水艦の深度を一定に保つ深度保持では、これらの変化に対応しなければなりません。

たとえば、海水温度が高くなると密度が上がって浮力が大きくなります。放っておくと潜水艦は浮上していくため、深度保持のためにタンクに注水して重量を増やす必要があります。クルマであればブレーキを踏むだけで簡単に止めることができますが、潜水艦はそうはいかないのです。

ただでさえ神経を使う深度保持のなかでも、とくに技量を問われるのが「ホバリング」。3次元空間の1点に静止することをいいます。

ヘリコプターが空中で静止するホバリングも同じようなものですが、仕組みが違います。ヘリの場合はエンジンのパワーを全開にして機体を無理やり空中のある一点に留(とど)めておくことですが、潜水艦の場合はやり方が真逆なのです。すべての推進力をストップさせ、自艦の重力と浮力を完全に一致させることで深度を保持します。

何が難しいのかというと、航行中であれば潜舵(せんだ)（艦首側の舵(かじ)）と横舵(おうだ)（後方側の舵）を使って深度を調整することができますが、静止すると水の抵抗がなくなるため舵が効かなくなるからです。

舵は水の流れをせき止めることで艦を任意の方向に曲げる装置ですから、ある程度の速力がないと効かなくなります。そのため、大変細かい重量調整が必要です。わずかでも速力が残っていたら船体そのものが水の抵抗を受けて舵の役割を果たすため、艦が上を向いていれば上に、下を向いていれば下に進んでしまいます。

また、先ほど述べたように、浮力は海水の密度にも影響されます。しかも海水の密度は一定ではないので、状況に応じた調整も行なわなければなりません。ほんのわずかでも浮力より重力が上回ると徐々に沈んでいくことになります。

浮力の調整は重力に影響を大きく受けるので、潜水艦は潜航時どころか停泊中から艦全体の重さに気を使っています。潜水艦には人間が乗っており、潜水艦のなかにも生活があるからです。潜水艦は行動する期間が1か月に及ぶケースもあり、その間、艦は燃料を消費しますし、乗員はご飯を食べます。これによって、潜水艦の重量自体が変わってきます。

そのため、停泊中においても、乗員が出入りするたびに舷門（げんもん）（艦の玄関にあたるところ）にある秤（はかり）で手荷物の重量をチェックしたり、糧食（りょうしょく）や機材が運びこまれるたびに計量して、記録するようになっています。

この浮力調整の極致ともいえるのがホバリングですが、使いこなすとシャドウゾーン（42ページ参照）のなかに隠れ続けることができるため、相手に見つかる可能性をかなり減らすことができるわけです。

海中の1点に静止するホバリングに対して、海底に着底するのが「沈座（ちんざ）」です。単に海底に着くだけなら簡単！ と思うかもしれませんが、ポイントはその後、海底から離れられるようにしなければならないこと。船体に傷をつけたり、勢い余って海底にめりこんでいては沈没してしまいます。沈座はあくまで一時的に海底に着くものですから、その後の行動ができなくなっては元も子もないのです。

沈座を成功させるには、まず海底にギリギリまで近づいてからプロペラを止め、惰性(だせい)のみの低速で進むようにしなければなりません。

そして、わずかにタンク内に注水して深度を下げることで着底しますが、これで終わりではなく、着底後に追加で注水を行なって船体が海流に流されないように安定させて完了となります。

ホバリングと沈座、どちらも非常に神経を使う作業ですが、潜水艦は敵からの探知を避けるため、ときには静止することも求められます。潜水艦乗りにとっては必須技能です。このように、あらゆる行動を組み合わせて襲撃したり、逃げたり、隠れたりするのが潜水艦の戦い方。〝海の忍者〟とはよくいったものだと思います。

魚雷の迎撃は、なぜ難しいのか?

水上艦は、ミサイルが飛んできても2種類の方法で防御することができます。電子的な手段でミサイルの目をごまかす「ソフトキル」と、大砲やミサイルで破壊するといった物理的手段で防ぐ「ハードキル」です。

ところが、魚雷に対しては囮（おとり）などを用いるソフトキルのみで対処し、ハードキルで対処することはまずありません。壊してしまったほうが簡単な気もしますが、なぜでしょうか？

いくつかの国では魚雷に対するハードキル——たとえばアメリカや日本では対魚雷用魚雷ATT（Anti Torpedo Torpedo）の研究を行なったり、ロシアは対潜ロケットを魚雷の近くで爆発させることで防御するというようなことを考えていたりはしますが、いずれも効果が実証されていません。

理由としては2つ。まず、魚雷の項で述べたように、魚雷の探知そのものが難しいことが挙げられます。魚雷そのものの静粛性が向上したために探知しづらく、最悪の場合は命中するまで魚雷の発射に気づかないこともあり得るほど。仮に発射を探知できたとしても魚雷の方位がわかるのみで、距離がわからないことが少なくないのです。正確な位置がわからなければ、破壊することはできません。

もう1つは、もしハードキルによる迎撃に失敗してしまうと大きな爆発が生じ、それによって自艦のソーナーが役に立たなくなってしまうからです。迎撃するつもりが、敵艦の魚雷攻撃をアシストすることになりかねません。

これらの技術的問題により、ハードキルでの迎撃は成功確率が低く、失敗すると取り返しのつかないことになるため、囮などを用いたソフトキルによる防御が魚雷に対しては有効なのです。

ＧＰＳ使用は不可！　自艦の位置をどう把握するか

水上艦であれば、カーナビにも使われているＧＰＳ（全地球測位衛星システム）によって自艦の位置がわかります。

ＧＰＳは衛星からの電波を受信することで自艦の位置を測定する仕組みですが、潜航中の潜水艦は電波の送受信ができないため、ＧＰＳを使うことができません。そこで潜水艦は、潜航を開始する前にＧＰＳで最後の位置を記録しておきます。

潜水艦に限らず、海上自衛隊の艦艇には「ジャイロコンパス」と「ログ艦底管」というものが装備されていて、ジャイロコンパスは針路（360°）を示し、ログ艦底管は速力を測ってくれます。最後に潜った地点から、このジャイロコンパスとログ艦底管を使って針路と速力を記録し続けていれば、自艦の位置がわかるというわけです。

ところが、これは潮の流れや地球の自転といった外力を無視したものになってしまうので、当然ながら誤差が出ます。そこで「慣性航法装置」が外力を加味した正確な数値を算出してくれます。

この慣性航法装置のおかげで、外が見えず、ＧＰＳの電波を受信できない水中においても潜水艦は自艦の位置を見失わずに済むというわけです。日本はこの慣性航法装置を製作する技術が世界のなかでも抜きんでており、そうした高い技術の結晶が海上自衛隊の潜水艦を世界屈指の戦力に押し上げています。

しかし、慣性航法装置も完璧ではなく多少の誤差が出るため、ときどきは水面近くまで深度を上げる「露頂(ろちょう)」を行ない、GPSによる艦位の補正をする必要があります。

敵の探知を避けながら、外部とどう通信している？

潜水艦は基本的に単艦で動く艦種ですが、海上自衛隊や海軍という巨大組織のなかにあっては、組織の意向どおりに動く1つのユニットでなければなりません。細かい動静は潜水艦に委(ゆだ)ねるしかありませんが、目的など大まかな方針は、司令部からの命令に従わなければ組織として戦果を挙げることができないからです。

通信を有効活用して大きな戦果を挙げたのが、第2次世界大戦におけるドイツ海軍の群狼(ぐんろう)戦術（ウルフパック）。単艦ではなく、3隻以上の潜水艦によって商船や輸送艦などを攻撃するという攻撃方法です。

最初の潜水艦が、偵察用航空機から目標となる船舶の位置情報を無線通信で受けとって進行方向で待ち伏せを行ない、発見したらすぐさま攻撃するのではなく、味方の潜水艦に無線で連絡して取り囲みます。

この戦術のメリットは、複数艦で包囲することで、艦隊を組んでいる輸送船団により大きな被害を与え、かつ味方潜水艦の被害を減らすことができるということ。また、当時の潜水艦の魚雷は無誘導で命中率が現代の魚雷に比べて低かったため、複数艦で取り囲む必要があったという側面もありました。現代の魚雷やミサイルはきわめて高い確率で命中するため、単艦で攻撃します。

この通信を逆手（さかて）にとったのがイギリス・アメリカの連合国軍です。連合国軍はＨＦ／ＤＦ（High Frequency／Direction Finder）、通称「ハフダフ」と呼ばれる短波方向探知機を開発しました。

このハフダフは、ドイツ海軍が群狼戦術を行なう際に、陸上の司令部や味方の潜水艦との連絡に使用していた短波無線の電波の飛来方向を探知するものです。ハフダフ１つでは方位のみしかわかりませんが、３隻以上のハフダフ搭載艦があれば、３つの方位から三角形をつくり、「三角測量」によって推定発信位置をかなり正確に割りだせるという代物（しろもの）でした。

ハフダフによって潜水艦の位置が暴露されるようになると、群狼戦術はしだいに効果を失い、多くの潜水艦が沈められるようになったのです。

このように、通信は非常に便利ですが、使い道を誤（あやま）ると位置を把握されて沈められてしまいます。そのため、潜水艦は音だけでなくレーダーや通信といった電波を出す行動を嫌い、基本的には受信しかしないようにしています。

それでも、送信をしなければならない状況はあります。現代では、味方以外が受信できないくらいの短時間で送信できるようにデータを圧縮するほか、水上航行、あるいは水中にあっても露頂深度まで浮上すれば、マストについているアンテナを上げることで通信可能です。

通信アンテナが水上に届かない深度に潜ると通信できなくなるわけではなく、曳航ブイやフローティングアンテナといったワイヤーのような通信アンテナを展張(てんちょう)することで対応します。

そのほか、VLF（超長波）はVHF（超短波）と比べて1万倍も長い波長の電波を用いることで海中にいたままでの受信が可能ですが、受信専用で大量通信には向いていなかったり、使用時に速力を落とさなければならない、送信にあたって非常に大きな送信所が必要になるなどの制約が多々あります。

日本では、1991年から宮崎県えびの市にある「えびの送信所」が現在のところ唯一の潜水艦向けVLF送信所で、高さ約160～270メートルのアンテナが4基2列、計8基あります。これらは、日本でもっとも大きなアンテナです。

また、水中にいる潜水艦同士、あるいは水上艦相手と通信することも「水中音響通信」によって可能です。いわゆる「水中電話」と呼ばれるものです。

仕組みは至って簡単で、水中でマイクを使って大声で叫んでいるようなもの。そのため、通信相手を絞ることができず、周囲に水中音響通信装置を備えたフネがいれば、敵味方を問わず受信されてしまうという大きな欠点があります。

さらに、電波ではなく音波を使っているため、距離が離れていると数秒程度の遅延が発生するほか、音声が二重に聞こえたり、ノイズがまじったり、送信と受信が同時にできないなど一般的な電話とは異なり、使うには慣れが必要です。

「聴音襲撃」より「潜望鏡襲撃」のほうが有利？

潜水艦が攻撃を行なうことを「襲撃」といいます。

襲撃には「潜望鏡襲撃」と「聴音襲撃」の2種類があり、潜望鏡襲撃は艦長が潜望鏡を使って目標を目視して行ない、聴音襲撃はソーナーによって得られる音を頼りに行ないます。

潜望鏡襲撃は目標を目視で確認してから攻撃しますが、当然ながら水上艦相手にしか行なえない方法です。とはいえ、相手を識別してから攻撃できますし、正確な方位も知ることができるので確実ではあります。間違った目標を攻撃してしまうと無駄な敵が増え、国際法違反にもなるので確実を期したいというわけです。

もし、間違って敵ではない味方や中立国の船舶などを沈めてしまったら、大変なことになります。

第1次世界大戦でドイツが敗れた要因の1つが「無制限潜水艦作戦」という無差別無警告であらゆ

る船舶を攻撃する作戦を行なったことでした。この作戦で、ドイツはアメリカ人の乗った船（ルシタニア号）を沈めてしまったため、それまで孤立主義政策をとっていたアメリカは方針を転換し、ヨーロッパ戦線に参戦したのです。

ただし、先ほど「潜望鏡襲撃が確実」と述べたのは、単に目標を間違えないというだけの意味であり、確実に敵艦に被害を与えられる、というわけではありません。潜望鏡から正確にわかるのは方位だけで、距離を正確に測るのは困難だからです。

潜望鏡で距離を測るには、「分画（ぶんかく）」という潜望鏡についている目盛りを使います。この分画は1000メートル先にある1メートルの高さを「1分画」としているので、15メートルの高さの目標を2分画に見たとき、「1000×15÷2」という計算式によって、目標までの距離が7500メートルであることがわかります。

とはいえ、これは目標の高さがあらかじめわかっていたからこそ割り出せた数字ですし、海上の荒れ具合によっては目標の見方も変わってくるので、正確な数字とはいえません。よって、誤差があるということを念頭に置きつつ、襲撃に関係するチームが総力を挙げて艦長を補佐します。

潜望鏡には目標の解析を行なうシステムに対して方位を送るボタンなどがついており、可能な限り、潜望鏡で得られたデータを共有し、複数の乗員で最適となる発射位置と発射方法を決めるようになっています。つまり、潜望鏡を見ているのが艦長だからといって、艦長のみで襲撃ができるわけではないのです。

さらに潜望鏡襲撃においては、潜望鏡だけとはいっても海面上に自艦をさらすわけですから、水上艦や哨戒機から探知され、攻撃を受ける可能性が高くなってしまいます。そのため、ゆっくり潜望鏡を使うことはできず、短時間で必要な情報を集め、解析しなければなりません。ですから、チームワークがカギになります。

「おやしお」型潜水艦の潜望鏡

もっとも、以前の望遠鏡は「貫通式」といって1人ずつしか潜望鏡を覗(のぞ)くことができなかったのに対し、「そうりゅう」型以降の潜水艦は「非貫通式」というタイプの潜望鏡を使っています。非貫通式はレンズを覗きこむのではなく、潜望鏡で見えるものをディスプレイに映し出し、複数の人間が同時に見ることができるようになっているので、かつてよりはやりやすくなっています。

戦いのゆくえは、艦長の判断と決断しだい

海上自衛隊の護衛艦や潜水艦など「艦」とつく種類のフネ全般を「自衛艦」といいます。そして、自衛艦の乗員すべてが職務を行なうにあたって準拠すべきものが「自衛艦乗員服務規則」という文書です。その第3条に次のような一文があります。

「艦長は、1艦の首脳である。艦長は、法令等の定めるところにより、上級指揮官の命に従い、副長以下乗員を指揮統率し、艦務全般を統括し、忠実に職務を全(まっと)うしなければならない。」

ようするに、艦長は1隻のフネの全責任を負っているということですが、こと戦闘にかんして、潜水艦の艦長は水上艦(護衛艦)の艦長と大きく異なる点があります。それは「最終的に艦長に集約される」ということです。

水上艦は航空機やミサイル相手の対空戦闘、敵水上艦艇相手の対水上戦闘、そして潜水艦相手の対潜戦闘と多種多様な戦闘を行なう都合上、いかに短時間で対処するかが求められます。

1人の人間がすべてを決めるより、分業で行なったほうが対処のスピードが速いため、艦長は戦闘用意を命令したら、基本的には部下に戦闘を委任します。どの目標を、どの順番で、どの武器で攻撃するかといったことについて艦長が決めることは多くありません。

一方、潜水艦はすべての情報が最終的に艦長に集約され、攻撃も艦長の命令によって行なわれます。よって艦長は、自艦や搭載する武器等にかんして熟知し、その活用についてつねに研究演練して艦の全能を発揮させるように努めなければなりません。

最新鋭で優れた性能をもった潜水艦といえども、乗員の練度以上の力を発揮することは不可能です。艦長のフネや乗員に対する理解と、それにもとづく判断力や決断力が艦の性能と乗員の練度を最大限に発揮するためには欠かせません。潜水艦においては「すべては艦長にかかっている」といっても過言ではないのです。

最強の潜水艦を追いつめるための手段は？

ここまで述べてきたとおり、潜水艦は非常に強力な艦種です。そんな潜水艦に対し、相手はどのように戦いを挑むのでしょうか。

まず、陸上の基地から飛ばす固定翼哨戒機、日本だとＰ－１やＰ－３Ｃを使って捜索を行ない、潜水艦が潜んでいそうなエリアを絞りこむことから始まります。

固定翼哨戒機は回転翼のヘリコプターよりも高速で、長時間・長距離の飛行が可能です。また、大型な分、たくさんの装備を取り付けることができるため、広範囲の捜索にも向いています。レーダーや目視のほか、ソノブイによって潜水艦を探します。

水中にいる潜水艦に対してレーダーや目視が有効なのかと思うでしょうが、潜水艦は換気や偵察、通信などを行なうために露頂深度（浅い深度）まで上昇し、スノーケルや潜望鏡、通信アンテナなどを海面上に出すことがあります。運がよければ、これらを探知できることもあります。

また、潜水艦が通信時に出す電波の逆探知も試みます。「ソノブイ」とは哨戒機が海に投下する使い捨てのソーナーで、これを一定間隔で敷設することにより、付近にいる潜水艦を探知することができます。潜水艦のソーナーと同様に、自身が音波を出して反射音を捉えるアクティブ方式と潜水艦の音を拾うだけのパッシブ方式があります。

これらを駆使して潜水艦の大まかな位置を絞りこんだら、最後に「ＭＡＤ」という機体後部にある尻尾のような形をした磁気探知機を使用して、さらに位置を絞りこみます。潜水艦は金属でできているため、磁気を帯びています。磁気を探知できれば、そこに潜水艦がいることがわかるのです。ソーナーによる探知よりも正確ですが、探知範囲が狭いという弱点があり、潜水艦の深度が浅いときでなければ有効ではないので、最後の絞りこみに使われます。

固定翼哨戒機が潜水艦の位置を特定すると、目印として海上に煙を発する浮標＝スモークマーカーを落とすなどして、味方の水上艦に敵潜水艦の位置を知らせます。そして、水上艦が現場に急行し、対潜戦を引き継ぎます。

周辺海域防衛のための対潜戦の例

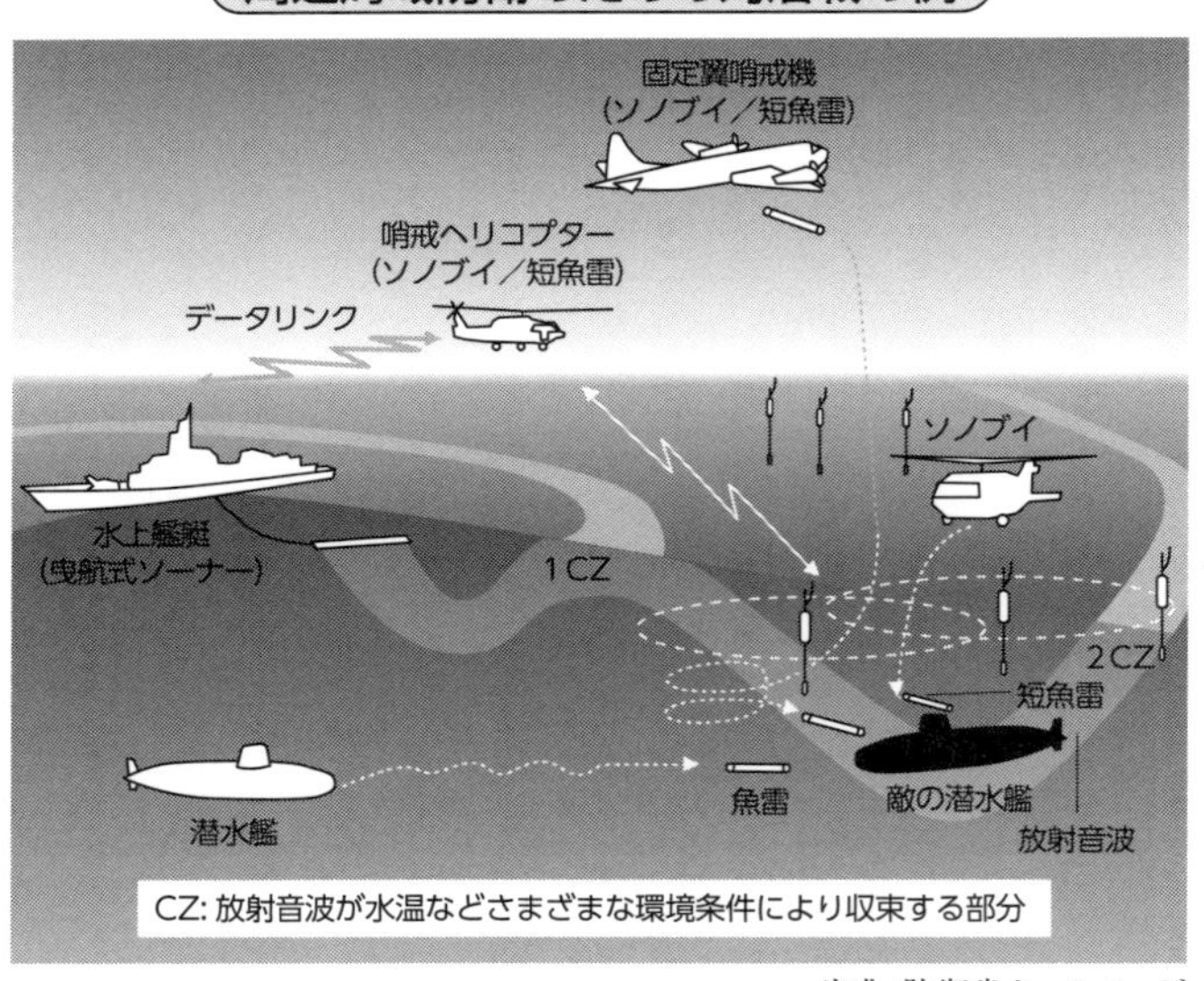

出典:防衛省ホームページ

海上自衛隊の汎用護衛艦（DD）やヘリコプター搭載護衛艦（DDH）はヘリの発着艦が可能であるため、水上艦のもつソーナーと自艦搭載のヘリを併用して潜水艦を追いつめます。水上艦やヘリは固定翼哨戒機に比べてスピードに劣りますが、その場に長期間留まって捜索する能力では右に出るものがありません。

さらに、水や燃料、糧食などを洋上で補給してくれる補給艦が支援してくれれば、何週間でも同じ場所に留まって捜索することもできます。

また、水上艦の哨戒ヘリは吊り下げ式の「ディッピングソーナー」を装備しています。ディップとは浸すという意味で、紅茶のティーバッグのように海中に浸して使うソーナーです。ソノブイは使い捨てですが、ディッピングソーナーは何度も引き上げて使うことができるので継続しての探知が可能です。

潜水艦を探知すると、哨戒ヘリの対潜爆弾や水上艦の短魚雷などで攻撃を開始します。撃沈に成功すれば、潜水艦の残骸(ざんがい)や油などが浮いてくるので、それをもって撃沈したかどうかを判断し、撃沈と確認できれば対潜戦終了となります。

水上艦は潜水艦に対して、およそ勝ち目はない?

水上艦から見た潜水艦は、非常に厄介(やっかい)な相手です。海上自衛隊は創隊以来、対潜戦を非常に重視しており、対潜戦の訓練や演習にかなり力を入れていますが、水上艦のほうが負けることが多くあります。

なぜ、複数隻で戦える水上艦が、たった1隻の潜水艦の手玉に取られてしまうのかというと、まず見つからないからです。位置がわからないことにはどうにもできません。

もう1つの理由として、水上艦に比べて潜水艦の探知距離がより長いことが挙げられます。これは、水上艦が主にアクティブソーナーを使うのに対して、潜水艦は原則としてパッシブソーナーしか使わないからです。

アクティブソーナーは反射音を捉えて目標を探知するものですから、音波が行って帰ってくる往復分の距離が必要です。対するパッシブソーナーは単に聞くだけなので、片道分の距離で済みます。きわめて端的（たんてき）に説明すると、往復と片道の距離の差でパッシブソーナーのほうが探知距離は長くなるという理屈です。

また、静音性に特化してつくられている潜水艦と異なり、水上艦は雑音の塊（かたまり）のようなものです。通常型潜水艦は潜航中にエンジンを回さないのでエンジン音が発生しませんが、水上艦はガスタービンやディーゼルエンジンを常時回しているので、エンジン音を消すことができません。エンジン以外の発電機などの補機、そして推進機であるプロペラも、移動する限り音を発生させ続けます。

雑音を発生させるということは相手に見つかりやすいだけでなく、自身のソーナーにとっても邪魔になるということ。そのため、水上艦と潜水艦が仮に同じ性能のソーナーを積んでいたとしても、潜水艦のほうが見つかりにくいわけです。

しかし、水上艦にまったく勝ち目がないのかというと、そんなことはなく、水上艦から見て潜水艦には4つの弱点があります。

1つ目の弱点、それは後ろが「がら空き」なことです。潜水艦に限らず、フネのソーナーは艦首、頭のところについています。艦尾にもつければよいのでは、という考えももっともですが、艦尾には推進器であるプロペラがついており、このプロペラが発生させる雑音が邪魔をするため、ソーナーをつけたところで役に立ちません。よって、後ろを探知することができないわけです。

背後にかんしては、「ＴＡＳＳ」と呼ばれる数百メートルもの長さのロープのようなものを出すことで探知可能ですが、機動力を失ってしまうというデメリットもあります。機能させるには、ＴＡＳＳがある程度一直線に伸びている必要があるため、直進が基本となり、小回りがきかなくなるほか、出せる速力も制限されてしまうからです。

さらに、潜水艦の主武器である魚雷は艦首についているため、背後に回りこまれたら攻撃ができなくなります。探知も攻撃もできないため、背後をとられることは潜水艦にとって致命的になるというわけです。

２つ目の弱点は、潜水艦の機動力の低さ。潜水艦は横移動するための舵が１つ、推進器であるプロペラも１つで小回りがききません。これに対して水上艦は、舵とプロペラを２つずつもち、旋回(せんかい)性能を重視した形状になっていることから高い機動力を誇ります。

潜水艦と水上艦がお互いの位置を完璧に把握している状態で、相互に相手の背後をとろうと動いた場合は、かならず水上艦が潜水艦の背後をとることができるということです。

３つ目の弱点は、潜水艦が別名「どん亀」といわれるほどスピードが遅いということ。一般的な護衛艦（水上艦）が30ノット（時速約54キロメートル）出せるのに対し、通常動力型潜水艦は20ノット（時速約36キロ）ほどしか出せません。また、通常型潜水艦の場合は電池に充電してある分しかモーターを回すことができないため、20ノットを出し続けられる時間に制約があるという事情もあります。

潜航中もエンジンを回すことのできる原潜であればこの制約はなく、30ノット以上の速力で走り続けることができます。ただし、その分だけ音が大きくなるため探知されやすくなり、見つかったらやはり、背後をとられます。通常型、原潜、どちらもスピードには制約があるのです。

4つ目の弱点として、潜水艦は水中に潜む都合上、電波を使って味方と通信を行なうことができないため、基本的に単独で動かなければなりません。逆に水上艦は電波が使い放題なので群れるのが基本です。

この4つの弱点を利用して、水上艦が潜水艦にかならず勝てるパターンがあります。

それは、2隻の護衛艦で潜水艦の背後をとり、撃沈を確認できるまで交互に攻撃をくり返すこと。3隻以上いれば、残りの艦は潜水艦の探知に専念し、失探（見失うこと）しないようにサポートしつつ、攻撃している水上艦の弾が少なくなったら交代します。

潜水艦としては、つねに複数隻に背後をとられ続けると、反撃はおろか、攻撃してくる水上艦の位置さえ探知できないので、完全にお手上げとなります。

ただし、この必勝パターンにもちこむためには、一にも二にも潜水艦の正確な位置を把握することが肝要です。対潜戦は、いかに潜水艦を探知するかにかかっているのです。

潜水艦はどのように誕生した？

潜水艦の起源は、１７７５年のアメリカ独立戦争にまでさかのぼります。アメリカ人のブッシュネルによって考案された潜水艇「タートル」です。

「タートル」はタルにプロペラと舵を取り付けたような形状をしており、長さ２・４メートル、高さ１・８メートル、幅０・８メートルの１人乗りでした。

人力でプロペラを回して動くという原始的なものでしたが、初めてプロペラを推進力とする船でもありました。

仕組みは現代の潜水艦と同じで、船底のタンクに水を入れることで潜航、逆に排水することで浮上します。

攻撃方法はユニークかつ単純で、敵艦の下に潜りこみ、船体上部に取り付けられた錐を敵艦の船底に刺しこんで離脱。錐は時限式の爆弾とロープでつながっており、設定した時間になると爆発して敵艦にダメージを与えるというものでした。

アメリカが独立戦争で使用し、イギリスの軍艦に被害をもたらしたとされていますが、２度の攻撃の１度目は敵艦の船底に金属板が貼ってあったために錐が刺さらず失敗。

２度目は錐を刺すことには成功しましたが、錐と爆薬をつなぐロープが発見されて爆弾がイギリス軍に引き上げられたところで爆発するという本来の意図とは異なるもの。その存在が戦局に影響を与えることはありませんでした。

潜水艦がひのき舞台に躍り出るきっかけと

なったのは、それから100年以上経ったつ1898年、アイルランド出身の技師ジョン・ホランドが史上初となる内燃機関を搭載した潜水艦を考案したことでした。

内燃機関とは、機関の内部で燃料を燃焼させ、発生したガスや空気の熱膨張によって生じる力を動力に変える機関のことです。ガソリンエンジン、ディーゼルエンジン、ジェットエンジン、ガスタービンエンジンなど多くのエンジンが内燃機関です。

そして、現代の潜水艦へ至るためには、何をおいても動力源である内燃機関が不可欠なものでした。

さらに、この潜水艦は潜航時の動力となる蓄電池も備えていたほか、現代の攻撃手段と同じ魚雷まで装備していました。近代潜水艦の基本をすべて押さえていますね。

このときつくられた潜水艦はアメリカ海軍で就役し、考案者の名にちなんで「ホランドⅣ」と名づけられました。

そして、これを契機に各国の海軍はこぞって潜水艦を導入したのです。

対潜戦闘用意！ 対潜訓練はどうやって行なう？

対潜戦の全体的な流れは先に説明したとおりですが、訓練では、どのようなことが行なわれているのでしょうか。

訓練では、固定翼哨戒機が飛んでくるわけではなく、多くはある程度、お互いの位置が絞りこめている状況で水上艦と潜水艦が戦います。3対1もしくは4対1というかたちで、もちろん潜水艦はつねに1隻です。

訓練の種類も1つではなく、潜水艦が逃げ

て一方的に水上艦が探知し続ける訓練や、お互いに攻撃するといった互角の条件で戦う訓練などがあります。

相手のフネに対し、攻撃が命中したかをどのように判定するのかというと、事前に決められた位置に対して攻撃を行なえたかどうか。攻撃された側が攻撃した相手に対して知らせる仕組みです。攻撃位置が事前に決められた範囲内なら命中、違っていたら命中しなかったことになります。

水上艦同士なら普通に通信すれば済みますが、潜水艦はそうはいかないので、水中通話装置（水中電話）を使って通知します。

加えて、訓練が終わったあとは敵味方の艦艇部隊の航跡（こうせき）をすり合わせ、敵部隊を探知した距離や攻撃した位置などの検証作業を行なっています。

この検証によって、もっと早く探知、攻撃する機会はなかったのか、あるいは攻撃された部隊はどのように動いていれば探知・攻撃を避けることができたのかを究明するというわけです。

この検証を「リコン」といい、再構成を意味する「Reconstruction」の略となっています。訓練はその後の検証まで含めて、次に活（い）かしてこそ意味があるのです。

なお、対潜戦においては潜水艦に撃沈されるのも問題ですが、事と次第によってはそれ以上にマズいのが「スリップ」と呼ばれる状況。自艦の近くを敵の潜水艦が通過するなど、探知できるチャンスがあったにもかかわらず、探知できないことです。

スリップをやらかしてしまうと、港に戻ったあとに行なわれる事後研究会で偉い人にとても叱られることになるのですが、ある訓練のあとにリコンを行なった結果、私のフネの真下を敵潜水艦がすり抜けていたことがわかり、肝を冷やしたものです。

3 海自の最新鋭艦「たいげい」型の全貌

「そうりゅう」型と「たいげい」型、見分けるのは難しい

「たいげい」型は海上自衛隊の最新鋭通常型潜水艦です。２０２５年3月現在、1番艦「たいげい」、2番艦「はくげい」、３番艦「じんげい」、4番艦「らいげい」、5番艦「ちょうげい」と5隻がすでに進水済み、さらに3隻の建造が予定されています。

潜水艦の艦名は海象（かいしょう）（海で発生する自然現象の総称）や海中生物、あるいは想像上の生き物である瑞祥（ずいしょう）動物の名からつけられることになっており、「たいげい」は「大鯨」と書き、文字どおり大きな鯨（くじら）を意味します。

ちなみに、海上自衛隊の艦艇には旧海軍艦艇の名を受け継ぐものが多いですが、旧海軍には「大鯨」という潜水母艦としてつくられ、のちに空母「龍鳳（りゅうほう）」に改装された軍艦がありました。

最新鋭の「たいげい」型は、前級「そうりゅう」型と外見上の変化はそれほどありません。大きさは「そうりゅう」型が基準排水量２９５０トン（5番艦以降）、長さ84メートル、幅９・１メートル、「たいげい」型は基準排水量３０００トン、長さ84メートル、幅９・１メートルとほとんど同じ。排水量が50トン増えて大型化しましたが、それ以外は数字的にも外見的にもあまり変わっていないのです。

たいげい型3番艦「じんげい」

そうりゅう型5番艦「ずいりゅう」

そうはいっても、「そうりゅう」型と「たいげい」型を並べると、ほんのわずかな違いが見えてきます。港に停泊しているとき、岸壁に直接横付けするのではなく、岸壁についているフネに横付けすることを海上自衛隊では「メザシ」といいますが、このメザシのときにわかるのです。

幅は「そうりゅう」型も「たいげい」型も同じですが、大型化した分だけ太く見えるほうが「たいげい」型。セイルも「たいげい」型のほうがより厚みがあります。

逆にいえば、横並びしたときの太さ以外で見分けるのは難しいということ。ふだんから「たいげい」型や「そうりゅう」型を見慣れている人でなければ、海上自衛官であっても瞬時に見分けるのは困難でしょう。

リチウムイオン蓄電池の搭載で、潜航性能が向上

見た目が大きく変わっていないから、「たいげい」型は「そうりゅう」型と大した違いがないかというと、そんなことはありません。

もっとも大きな変化は、リチウムイオン蓄電池の搭載とＡＩＰ（非大気依存推進システム。次項で詳述します）の廃止です。

電池は大別して、充電できない使い捨ての1次電池と充電可能な2次電池があり、一般的に売ら

れているマンガン電池などが1次電池、スマートフォンや掃除機などに搭載されているのが2次電池となります。

充電できない1次電池では電力を失った瞬間に行動不能になってしまうため、潜水艦には2次電池が搭載されています。この2次電池は長らく鉛(なまり)蓄電池が使われてきました。電極に鉛を用いる鉛蓄電池は、ほかの電池よりも充電可能な容量が大きく、比較的安全だったためです。

とはいえ、鉛蓄電池以外の電池を訴求(そきゅう)する動きは古くからありました。鉛蓄電池は戦闘中などあまりに激しい動きをすると、内側から酸素や水素が漏(も)れて電池が壊れたり、硫酸(りゅうさん)が海水に触(ふ)れて有毒ガスが発生する危険性があったり、容量でリチウムイオン蓄電池に劣ったりと、不都合が多くあったためです。

「そうりゅう」型は12隻建造されたうち、最後の2隻を除いた10隻にＡＩＰを積んでいましたが、「たいげい」型は初めからＡＩＰを積んでおらず、かわりにリチウムイオン蓄電池を搭載しています。従来の鉛蓄電池と比べて、リチウムイオン蓄電池は容量・出力・エネルギー密度・寿命・コストの点で優(すぐ)れています。

それでも、各国海軍がこれまで採用しなかったのは、安全性に疑義(ぎぎ)があったからです。リチウムイオン蓄電池は過熱すると発火・爆発の危険性があります。スマートフォンに使われているリチウムイオン蓄電池が発火したというニュースを見た記憶のある人も、きっと多いことでしょう。

しかし、「たいげい」型のリチウムイオン蓄電池を担当した三菱重工・GSユアサは、強固な隔壁、自動消火システムといった対策を施すことで、リチウムイオン蓄電池に高い安全性をもたせることに成功しました。

世界最強の潜水艦をつくることができるのはアメリカですが、アメリカは原潜に絞って潜水艦をつくっているため、通常型の潜水艦を建造する能力を失っています。そのため、リチウムイオン蓄電池を実用化して搭載した日本の潜水艦建造技術は、通常型において最先端を走っているといっても過言ではありません。

AIPを廃止し、リチウムイオン蓄電池を搭載した理由

AIPとは「Air Independent Propulsion」の略で、非大気依存推進システムのこと。ディーゼルエンジンは稼働するのに大量の大気を必要としますが、逆に大気を必要とせずに発電できるのがAIPになります。

「そうりゅう」型はAIPのうち、スターリングエンジンを採用しました。その仕組みは液体酸素とケロシンを使ってシリンダー内部のガス・空気を外部から加熱・冷却することで、体積の変化、加熱膨張と冷却収縮を引き起こし、エネルギーを得るというものです。機関内部に熱源があるディ

ーゼルエンジンを内燃機関と呼ぶのに対し、スターリングエンジンは機関外部に熱源があるので外燃機関と呼びます。

ＡＩＰの優れている点は、大気を必要としないので露頂深度まで浮上してスノーケルで給排気をしなくても、エンジンを回して充電が可能な点です。これにより、潜航時間を延長させることができるようになります。

このスターリングエンジンは、当初は画期的なシステムだと思われていましたが、じつは重大な弱点がありました。大出力を生み出すことができず、使用時には低速でしか走れなかったのです。潜航時間を延ばすことには成功しましたが、あくまでメイン動力はディーゼルエンジンのままで、補助動力の扱いに止まりました。

潜水艦の容量は乗員の生活スペースを犠牲にしなければならないほど限られていますから、少なくない容量を用途が限られるＡＩＰに振り分けるのは悩みどころです。また、大気を必要としないといっても、液体酸素とケロシンがなくなればスターリングエンジンは動かせないので、港に戻って補給しなければなりません。

一方、リチウムイオン蓄電池は動力ではなく電池なので、ディーゼルエンジンによって充電してもらう必要があり、スノーケルで給排気するという従来の充電方法と変わりありませんが、一度充電してしまえば大容量を活かして長期にわたって潜航できるうえ、スターリングエンジンと違って速力の制限もありません。

つまり、リチウムイオン蓄電池を積んだほうがトータルで考えて艦の容量を有効活用することができ、潜水艦としての能力を発揮しやすいと防衛省が判断した結果が、AIPの廃止とリチウムイオン蓄電池の搭載だったというわけです。

ただし、「そうりゅう」型1～10番艦のすべてが退役するまでは、AIPの技術は維持されますし、より高性能なAIPシステムが開発されるようなことがあれば、AIPがまた日の目を見ることになるかもしれません。

「浮甲板構造」の採用で、低雑音化・耐衝撃性が進化

1章で説明したように、潜水艦はメインバラストタンクに海水を入れることで潜航し、逆に海水を抜いて空気を入れることで浮上しますが、このメインバラストタンクの構造によって潜水艦は単殻(たんこく)式か複殻(ふくこく)式に大別されます。

船体が水圧に耐えるための耐圧殻の内側にメインバラストタンクがある潜水艦が単殻式、耐圧殻を覆う(おお)ようにメインバラストタンクが配置されているのが複殻式の潜水艦です。

複殻式の潜水艦では乗員が乗り組んで機器類が搭載されているスペースを内殻(ないこく)、その内殻を守るよ

単殻式と複殻式の概念図

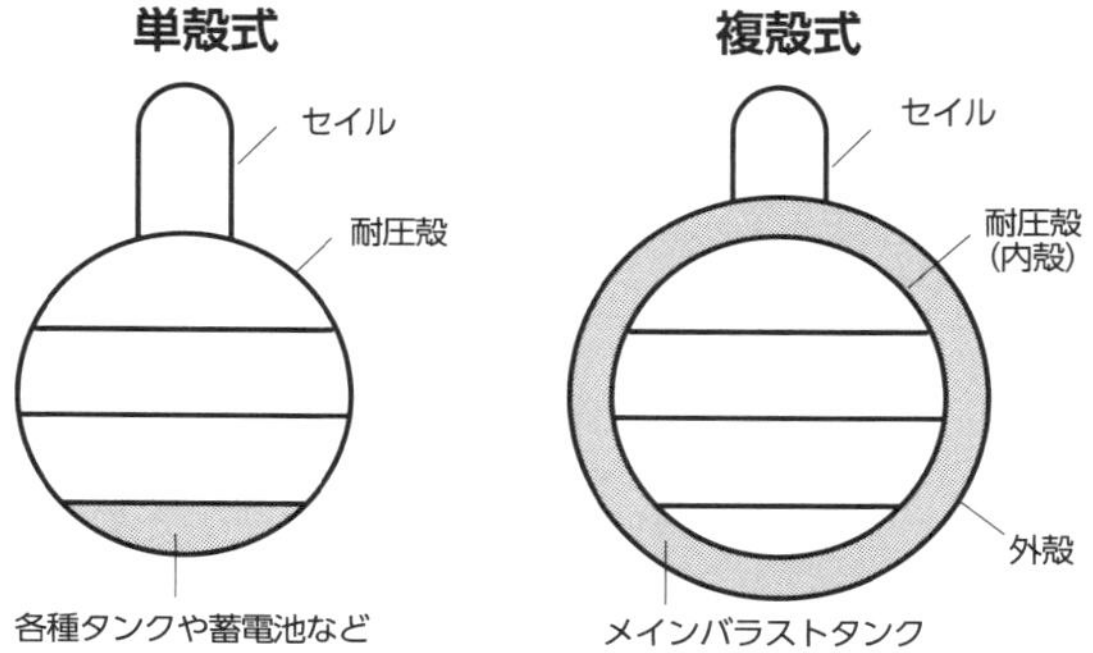

単殻式

セイル

耐圧殻

各種タンクや蓄電池など

複殻式

セイル

耐圧殻（内殻）

外殻

メインバラストタンク

うにつくられた外側の船殻を外殻と呼びます。現代の潜水艦のほとんどが複殻式あるいは一部複殻式で、海上自衛隊が保有している「おやしお」型、「そうりゅう」型、「たいげい」型はいずれも一部複殻式です。

「たいげい」型で特徴的なのは、内殻とその内側にある区画とのあいだにゴムなどの緩衝材をかませて、音的に遮断した「浮甲板構造」を採用したこと。

浮甲板は甲板が宙に浮いているようなもので、衝撃を緩和するほか、潜水艦が被探知される最大のリスクである雑音を軽減することができます。

潜水艦は音によって相手に探知されるわけですから、音を出さないのが一番ですが、機器類はつねに動いており、艦内では人間が生活する以上、まったく音を出さないことは不可能です。

そこで、音を出さないのではなく、艦内の音を艦外＝海中に出さなければＯＫという発想に切り替えたわけです。海中に音が伝わるのは船体を通してなので、船体と船体内部を物理的に切り離せばよいのです。浮甲板は雑音低減にうってつけでした。

また、衝撃の緩和はダメージを減らせる効果のほか、運転しているだけで発生する振動から機器類、とくに電子機器を守る効果も期待できます。

浮甲板構造自体は目新しいものではなく、アメリカの原潜などにも浮甲板は採用されています。しかし、浮甲板構造は内殻の内側に緩衝材をかませる構造となっているため、スペース的に余裕がある大型の原潜のみに搭載できるものでした。

浮甲板構造を採用できたことではなく、「小型」の通常型潜水艦に浮甲板構造を導入できたことが「たいげい」型、ひいては日本の潜水艦技術の優れた点であったといえるでしょう。

潜望鏡を「国産・非貫通化・光学化」したメリットとは

「そうりゅう」型の潜望鏡は2本あり、1本がイギリス製の潜望鏡、もう1本が国産の潜望鏡でした。しかし、「たいげい」型からはどちらも国産のものになっています。

国産のほうが優れているというわけではありませんが、潜望鏡のような高度な技術を要する装備を自前でつくれるメリットは大きく、自国の安全保障環境に合わせた装備をカスタマイズできるのは強みであるといえます。

具体的に異なっている点は、2本とも甲板を貫かない非貫通式（70ページ参照）となったこと。「そうりゅう」型にも非貫通式はありましたが、2本とも非貫通式になったのは「たいげい」型からです。

非貫通式にするとどんなメリットがあるかというと、まず設計段階で発令所の位置を自由に変えることができることが挙げられるでしょう。

甲板を貫く貫通式はその構造上、セイルの真下にしか発令所を置くことができません。潜望鏡がまっすぐ甲板を貫くわけですから当然ですね。ところが、非貫通式はそうした制約がないため、かならずしもセイルの真下に発令所をつくる必要がなくなります。

そして、貫通式よりも視野が広いこともメリットです。貫通式の視野は狭く、倍率を低くしても20度もなかったりします。そのため全周の確認には、ぐるりと潜望鏡を一周させていました。また、視野を広くしようと倍率を低くすれば、遠くの目標を見落とす危険性もありました。

一方、非貫通式は全周の画像をごく短時間に撮影することが可能です。目標見落としのリスクを大幅に減らすことができます。時間をかけてしっかり見ればいいだけでは？　と思うでしょうが、潜望鏡を出しているだけでレーダーや目視などで発見されるリスクが高まるので、できるだけ使用時間を短くすることが肝要なのです。

また、先にも述べたとおり、貫通式は1人ずつしか使うことができませんが、非貫通式は潜望鏡を通じて見える画像をディスプレイに表示することが可能なので、一度に複数名の乗員が画像を確認できます。ひとまず撮影してすぐさま潜航、その後ゆっくりと撮影した画像を分析するといった使い方もできるのです。

目標を正確に分析できれば、攻撃力が上がって誤射も減りますし、潜望鏡の使用時間が短くなれば、それだけ被探知のリスクを減らせるので生存率の上昇にもつながります。

地味に重要！デジタル化で情報共有が迅速に

従来の潜水艦は情報の共有が困難でした。潜水艦の攻撃である襲撃を行なうには、ソーナーで目標を探知し、潜望鏡でそれが何かを確認する識別を行ないます。そして、目標までの方位・距離と針路・速力から未来位置を算出して、そこに向けて魚雷を発射するといった行程を経なければなりません。しかし、各行程でそれぞれ担当者が違うため、すぐに情報をすり合わせることが難しかったのです。

また、自艦の位置を把握(はあく)する方法が紙の海図しかなかった時代は、得たデータを海図に落としこむ手間もありました。

ところが「たいげい」型では、海図もデジタル機器である電子海図が搭載されており、戦術状況を共有して電子海図に表示させることが可能になっています。

たとえば、潜水艦らしき目標をソーナーで探知した場合、電子海図では目標周辺の深度が瞬時にわかるので、最大でもその深さ以上の地点には存在しないことが断定でき、位置の絞りこみが可能になります。

さらに、各乗員が戦術状況を把握できるようになった現在では、より多くの乗員が艦長らの補佐がしやすくなったことも潜水艦の能力向上につながっています。

戦術状況表示装置による情報の共有は「そうりゅう」型からすでに実現していましたが、「たいげい」型にも受け継がれ、より発展したということです。

新型の「高性能ソーナーシステム」を搭載

「そうりゅう」型のソーナーはZQQ－7でしたが、「たいげい」型では新型の「ZQQ－8」が搭載されています。

ソーナーの能力の良し悪しをどこで測るかはいくつかの指標がありますが、重要なのが最大探知距離・距離分解能・方位分解能といった性能です。

最大探知距離は「どれだけの距離まで探知できるか」ということでわかりやすいですが、距離分解能や方位分解能は見落とされがちです。

距離分解能とは「同じ方向にある複数の目標を識別できる最小の距離」のこと、方位分解能は「同じ距離にある複数の目標を識別できる最小の角度」のことをいいます。

わかりやすくいえば、距離分解能は縦に並んだ目標を見分ける能力、方位分解能は横に並んだ目標を見分ける能力のことです。この能力が低いと、複数の目標が存在したときでも、「1つしか目標がいない」と誤認してしまいます。

2021年に起きた潜水艦「そうりゅう」と貨物船の接触事故は「そうりゅう」が露頂深度まで浮上する際に、ほかの水上船の方位が貨物船のものと重なり、これらを同一目標と誤認したことが一因です。

潜水艦は戦闘だけを行なえばよいわけではなく、目的地に着くまで安全な航行を心がけなければならない点では普通のフネと同じですから、当然、通常の航海における安全性を高めることも求められます。

方位分解能や距離分解能の性能が高まるのは、戦闘に役立つのはもちろんのこと、より安全な運航にもつながります。船乗りとして喜ばしいことです。

新型ソーナーは探知能力も飛躍的に向上

「たいげい」型のソーナーの凄さを端的にいえば、「より立体的に探知できるようになった」ということです。

ソーナーで目標を探知するには、音波が伝わる振動を電気信号に変換する機構を組みこまなければなりませんが、1つだけでは伝わってくる方向の差異がわからないため、複数の変換機が必要になります。そして、これらをまとめたものを「ソーナー・アレイ」と呼びます。

このアレイが、従来のソーナーでは艦首に集中して配置されていたのに対し、「たいげい」のソーナーは船体に沿って側面にまで配置されました。アレイの直径が伸びたことにより、方位分解能の機能向上につながっています。

また、潜水艦は音による被探知を避けるため吸音材を船体のほぼ全面に付けていますが（49ページ参照）、ソーナーも同様です。

「そうりゅう」型まではアレイの上下に吸音材を取り付ける都合上、その面積が狭くなっていましたが、「たいげい」型からは吸音材を一体型にすることで面積を拡大させていることも特徴的です。

上下左右にアレイの面積が増えると周波数範囲も広がるため、最大探知距離も延びたものと推察できます。

「たいげい」型が装備しているソーナーは、艦首、左右の側面、そして背後には曳航式ソーナーと3種、4か所があります。曳航式ソーナーの役割は背後をカバーするというより、遠くの目標を探知することです。

音は波長の高低によって、高周波と低周波に分けられます。高周波は方位分解能や距離分解能に優れますが探知距離が短く、低周波は探知距離が長いかわりに分解能で劣ります。

そして、低周波の音源を拾うことに特化してつくられたのが、2章でも紹介したTASS（77ページ参照）です。TASSは潜水艦の艦尾から尻尾のように数百メートルもの曳航索を伸ばして使用するため、自艦が発生させるプロペラなどの雑音の影響を受けることなく低周波を拾うことができます。

こうしたソーナーそのものは古くからありましたが、「たいげい」型の凄さはここから。3つの異なるアレイで探知した情報を、自動的に統合することができるようになっているのです。

従来のソーナーは同じ方向に目標を探知した場合、それぞれのソーナーの特性が異なることから、同一目標なのかどうかを人間が解析する必要がありましたが、人間の解析を待たず、自動的に行なわれるようになったわけです。これにより、探知能力が大きく向上したと見られます。

最新の「18式魚雷」は囮にダマされない

魚雷の優劣はどこでつけるのでしょうか。こちらもわかりやすいのは射程距離や速力といったもので、そのとおりではあるのですが、現代戦では違うポイントが重視されるようになってきています。それは、敵の欺まんにかからないこと、そして浅海域における能力です。

第2次世界大戦頃の魚雷には誘導性能がなく、発射すれば直進するだけでした。直進しかしないのであれば射程距離と速力が重視されますが、これでは敵艦の未来位置を正確に割り出さなければ当たるものではありません。

現代では、命中精度を向上させるために誘導魚雷が使われます。誘導魚雷は敵艦の音などに反応して自動的に追尾し、魚雷の速力は艦艇を上回るので、ただ逃げるだけでは回避することができません。

魚雷攻撃に対抗する手段全般をTCM（Torpedo Counter Measures）といい、いくつかの種類があります。

まず、魚雷を回避するために必須となるのが欺まん。敵を欺くことです。欺まんにもいろいろな種類があり、2軸のプロペラをもつ水上艦では、左右のプロペラの回転数を変えることで速力を悟られないようにする「対潜欺まん運転」。自艦を泡で包んで自艦の発する雑音を海中に伝わりにくくする「マスカープレリー」。映画などでおなじみの「デコイ」や「ジャマー」を放つといったことが挙げられます。

デコイとジャマーの違いは、デコイが魚雷の追尾機能を混乱させることを目的に自艦の音に似せた欺まん音を発生させるもの、ジャマーは探知そのものを妨害するために欺まん音や妨害音を発生させる装置をいいます。

近年はTCMの能力が急速に向上しています。たとえば、初期のデコイはドップラー効果などでソーナーに囮（おとり）であることを見破られることがありました。

ドップラー効果とは、音源が近づいてくると周波数が上がり、遠ざかると周波数が下がる特性のこと。パトカーや救急車のサイレンをイメージしてください。近づいてくるとサイレンの音がだんだん大きくなり、同時に高い音に聞こえますが、サイレンが通りすぎた瞬間、低い音に聞こえるようになります。これが、ドップラー効果の身近な例です。

アクティブソーナーでデコイを探知すると、その瞬間は敵艦のように感じられますが、継続して音響を解析するとドップラーに変化がないことがわかります。ドップラーに変化がないということは「探知した目標に速力がない。移動していない」わけですから、デコイであることを見破れるのです。

しかし、このような騙し合いはイタチごっこであり、ドップラー効果のある自走式デコイも珍しくなくなっています。

さらに、ソーナー探知能力が向上したことで、遠距離から魚雷を発射すると、同時に魚雷航走音がパッシブソーナーで探知されるようになってきたことも問題です。こうなると既存の魚雷では、自艦の安全を確保しつつ隠密性を保ったまま有効な攻撃を行なうことができなくなります。

そこで開発された海上自衛隊最新の長魚雷が「18式魚雷」です。デコイやジャマーといったTCMに対し、目標の真贋を見分ける能力が向上したほか、深海域のみならず、水測状況が複雑になりやすい沿岸海域や、海面残響の影響を受けやすい浅海域においても目標を追尾することができるようになっています。

肝となるのが、従来の低周波センサと高周波のセンサを組み合わせたこと。低周波は遠距離目標の探知に向く一方で目標の識別が苦手、高周波は遠距離探知が不得手なかわりに高度な識別能力をもちます。この2種類のセンサをつけることで、高い追尾機能を付与したのです。

さらに18式魚雷のセンサは、音響ビームを上下左右に方向を変えながら送信し、反射音を複数の受波器で受信可能です。これにより、今まで「点」で捉えていた目標を「画像」として識別できるようになったものと推測できます。

早い段階でTCMか敵艦かを識別できれば、それだけ回避される危険性も低下します。もちろん従来どおり有線誘導による追尾も可能で、水上艦・潜水艦どちらに対しても攻撃可能です。TCMも日進月歩で進化していますが、少なくとも現時点において18式魚雷を欺くことは難しいのではないでしょうか。

攻撃力もアップしました。これは炸薬(さくやく)の量が増えたといった物理的な話ではなく、より適切なタイミングで起爆できるようになったことに起因します。

2章の「魚雷」の項で述べたように、現代の魚雷は敵艦艇直下で起爆し、ガスバブルによって船体をへし折りますが、従来の起爆装置は目標の船体が発生させる磁気を感知して起爆する仕組みでした。

ところが18式魚雷は魚雷自身が磁気を発し、目標の船体に近づいて磁場が変化することを感知して起爆する「アクティブ磁気起爆装置」を搭載しています。これによって、より最適なタイミングで起爆させることが可能になり、結果として攻撃力の向上につながったというわけです。

「十字型」から「X型」への変化で、舵の機能性もアップ

潜水艦の舵(かじ)は十字舵とX舵の2種類があり、「たいげい」型の前級「そうりゅう」型から海上自衛隊の潜水艦はX舵を採用しています。

潜水艦の舵が水上艦のそれともっとも異なるのは、潜水艦が左右のみならず上下の深度を変化させる3次元運動を求められること。そのため、十字舵は縦方向の縦舵を動かすと左右に、横方向の横舵を動かすと深度が変化します。

単に動かすことだけを考えれば、潜水艦の舵として十字舵は十分な機能をもっているわけですが、戦闘艦である潜水艦は攻撃を受けたりして舵が損傷するケースを想定しなければなりません。

十字舵は2枚1対で縦舵と横舵を構成する構造上、1枚が壊れると機動性を大きく損なうという弱点があります。

ところが、X舵は縦舵と横舵などという区別はなく、4枚で上下左右の動きをするので1枚が壊れても機動性がそれほど落ちません。単純

後方から見た「たいげい」型。舵がX型になっていることがわかる

に比較すると、十字舵は1枚やられただけで機動性が2分の1になりますが、X舵なら4分の3で止(とど)められるということです。損傷時のみならず、通常時の機動性もX舵のほうが小回りがきき、優れています。

また、潜水艦は海底に沈座(ちんざ)することもあり、十字舵だと海底と接触する一番下の舵を損傷しやすいですが、X舵だと海底と接触する確率が低くなるため、破損する危険性を低減できます。

よいことずくめのX舵ですが、今まで十字舵が使われていたのには理由があります。十字舵は構造が単純で制御しやすかったのです。対してX舵は、それぞれが違う動きをするので、船体の動きを制御するのが人の手では難しいものでした。

「そうりゅう」型でX舵が導入されたのは、人間では制御しづらい面をコンピュータによって制御できるようになったからです。操作方法も現代的になっています。十字舵では、航空機の操縦桿(かん)と似た形の操縦桿を、横方向の移動は左右に回すことで、縦方向の深度変更は前後に倒すことで行なっていました。

一方、X舵ではゲームのコントローラーのようなジョイスティックを用います。ジョイスティックのグリップを左右に倒すと横移動、前後に倒すと深度変更ができますが、大きく倒すことでより大きな舵角(だかく)を取れるように、つまり、より直感的な操作ができるようになったのです。

専用居住区の整備で、女性自衛官の乗艦が可能に

艦内の居住性において「たいげい」型が従来の潜水艦ともっとも異なっているのが、女性用の居住区が初めてつくられたことです。女性の社会進出や、男性だけでは人員を確保できないといった理由から、海外の軍隊でも女性の軍人は珍しくなくなってきています。

潜水艦への女性自衛官配置制限が解除されたのは、2018年のことでした。近年まで、海上自衛隊では長らく潜水艦乗員は男性に限られていたわけです。これは、「女性には無理だろう」といった考えからではなく、潜水艦特有の事情がありました。

フネという乗り物は、その特性上、乗員は共同生活を強いられます。とくに困るのがシャワーやトイレといった性差で分けなければならないものです。

水上艦は、ある程度スペースに余裕があるので、仮に女性用のトイレが建造時に設置されなかったとしても、複数あるトイレのうちの1つを女性用としたり、艦長以上の上位者が乗艦してこない限り使用されない司令室のトイレや浴室を使用したりするなどして対応しています。

しかし、潜水艦はスペースに余裕がなく、トイレや浴室を分けることができないのに加えて、司令室がないため水上艦と同じ対応ができません（艦長以上の上位者が乗艦しても、士官寝室で相部屋に

「たいげい」型の艦内図

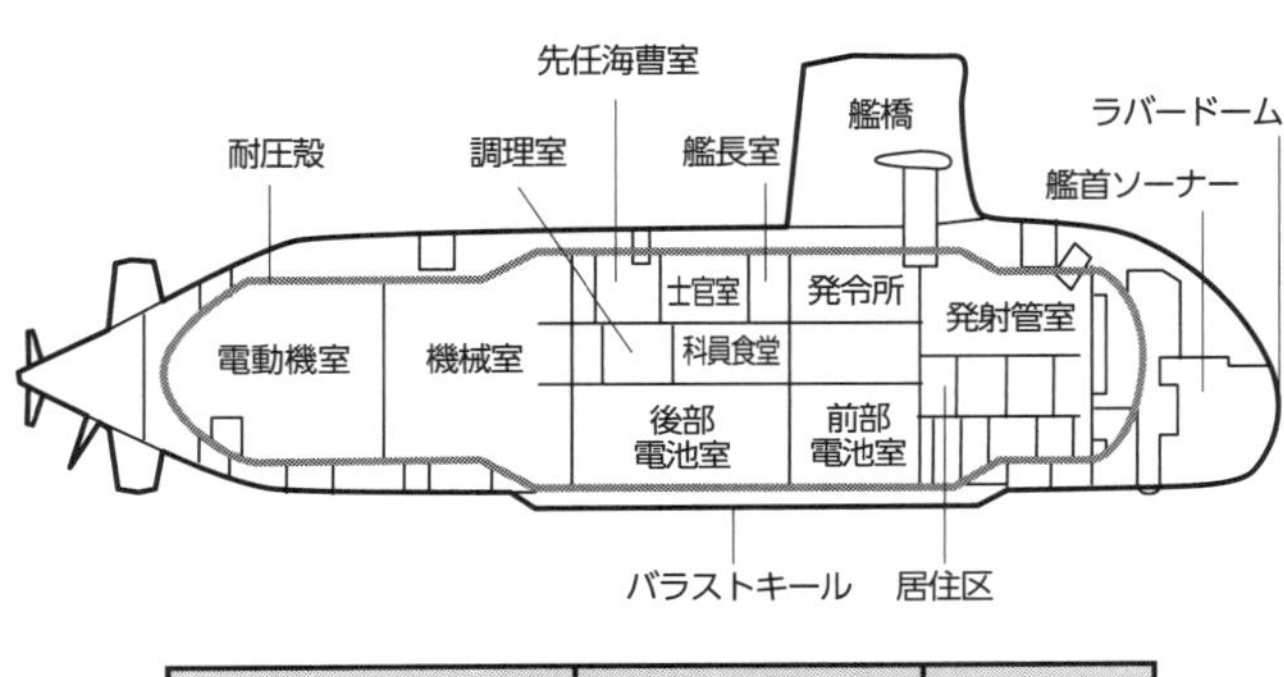

なります）。

　また、潜水艦は3交代で配置につくため、つねに3分の1の乗員は起きています。そのため、ひと昔前の潜水艦は、定員に対して3分の2しかベッドがなかったなんてこともあったほどです。

　これほどまでにスペースに余裕がない時代の潜水艦では、物理的に女性を乗せることができなかったわけですが、ついに女性専用のスペースが設けられるに至りました。

　女性区画は鍵のついたドアで区切られており、外から呼び出しができるように通信系も設置されています。ただし、トイレ・シャワーは男女共用で、そこは潜水艦の限界として割り切ってもらうしかありません。居住性が向上したといっても、やはりまだまだ女性にとってツライ環境であることには変わりないのです。

また、「そうりゅう」型ではＡＩＰを搭載するために、そして「たいげい」型ではリチウムイオン蓄電池搭載に加えて浮甲板(うき)構造を採用したために、居住性が犠牲になっています。

潜水艦乗員のなかには、居住性のみを比べたら、２世代前の「おやしお」型のほうがまだマシだった……なんていう声もあるようです。

過去に比べれば格段によくなってきているとはいえ、やはり容量が限られる潜水艦では居住性は後回しにされがち。乗員にとって大変な乗り物であることは変わりありません。

将来は「射程1500㎞越えのミサイル」も搭載?!

防衛省が公表した２０２５年度予算案を見ると、潜水艦用水中発射型垂直発射装置（ＶＬＳ）の研究に２９７億円が計上されています。２０２２年の時点で、すでにＶＬＳ搭載の潜水艦を開発することが防衛整備計画に盛りこまれていたので驚きはありませんが、これは、日本が獲得を目指す「スタンド・オフ」能力の一部です。

スタンド・オフとは、一般的には「離れている」といった意味になりますが、軍事的には敵が有するレーダーやミサイルといった脅威の射程外から一方的に攻撃できる能力を指します。これほどの射程をもつ武器となるとミサイルになるので、「スタンド・オフ・ミサイル」と呼ばれることもあ

VLSの仕組み

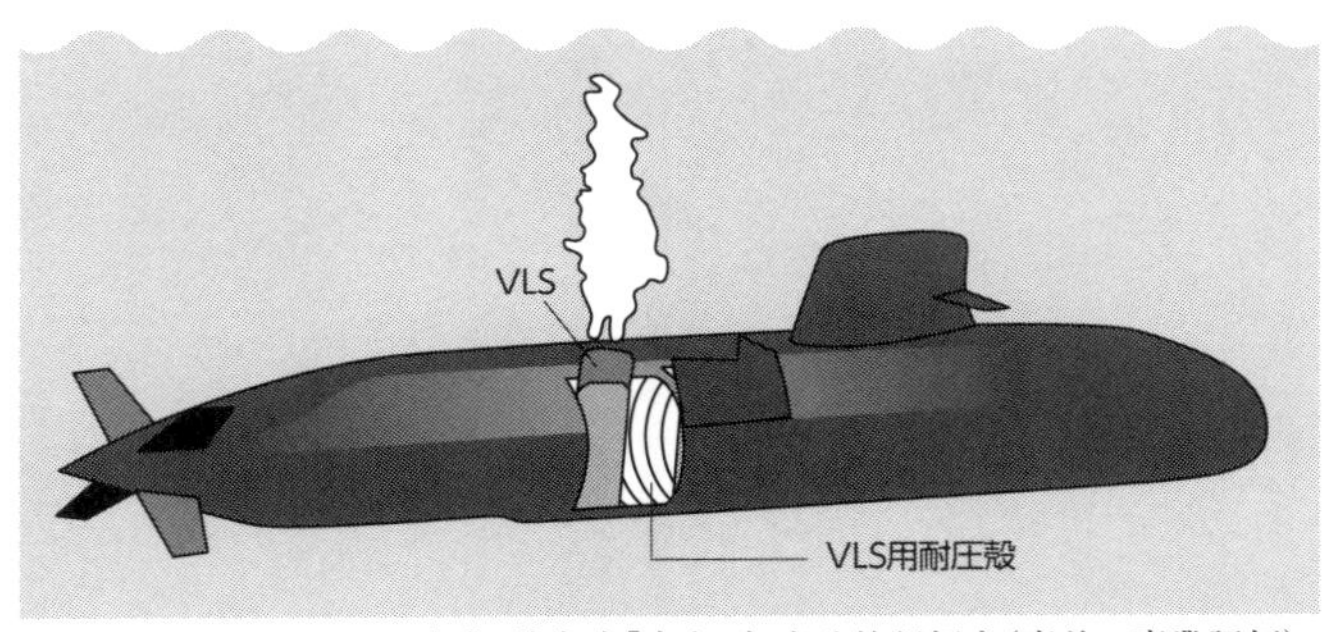

出典：防衛省「令和6年度政策評価書（事前の事業評価）」

ります。

海上自衛隊は、潜水艦から発射可能な対艦ミサイル・ハープーンを装備していますが、射程は140キロメートルほどしかないため、敵の射程外から攻撃することはできません。

ちなみに、ハープーンは対艦ミサイルに分類されますが、ハープーンよりも高性能なハープーン・ブロックⅡはGPS誘導によって対地攻撃が可能で、海上自衛隊の潜水艦もすでに保有済みです。

防衛省は「日本に侵攻をしてくる水上艦艇や上陸部隊に有効に対処するため、高い隠密性をもって行動できる潜水艦から発射可能なスタンド・オフ・ミサイルとして潜水艦発射型の新型ミサイルを開発する必要がある」としており、その新型ミサイルが「潜水艦発射型誘導弾」なのです。

詳細はまだ公表されていませんが、ハープーンの1

40キロよりも大幅に射程が伸びることは間違いなく、現在開発中の「12式地対艦誘導弾（能力向上型）」から派生すると、射程が1500キロを超えてくる可能性もあります。

ただし、その場合はミサイルが大型化するため、ハープーンのように魚雷発射管から撃つことはできなくなります。そのため、専用の垂直発射装置（VLS）とのセットで開発を行なっているようです。

垂直発射装置を装備すると、大型のミサイルを発射できるようになるほか、ミサイルの搭載数や連続発射能力が向上するといったメリットがありますが、一方で、船体の大型化が避けられない、専用の射撃管制システムが新たに必要になるといったデメリットもあります。

メリット・デメリットを含めてさらなる研究が必要な段階ですが、自衛隊全体ではスタンド・オフ・ミサイルとして「島嶼（とうしょ）防衛用高速滑空（かっくう）弾」「12式地対艦誘導弾（能力向上型）」などを研究・開発中のほか、アメリカから空対地ミサイル「JASSM－ER」、艦対地ミサイル「トマホーク」などを導入する予定です。

1番艦が「試験潜水艦」に種別変更された理由

2024年3月8日、「たいげい」型3番艦「じんげい」が就役し、同日付で1番艦「たいげい」

は試験潜水艦に種別変更。これにともなって第11潜水隊が新編されました。

試験潜水艦は実戦配備されることなく、研究・開発に携わる潜水艦です。従来は一線級潜水艦の一部を一時的に戦力から引き抜いて開発中の装備品等の試験を行なっていましたが、最新鋭艦を専用の試験艦とすることで、継続して効率的な研究開発が行なえるようになります。

もとより潜水艦を保有・運用できる国は多くありませんが、試験潜水艦をもつ国はさらに希少です。アジア全体を見渡しても、中国海軍の通常型潜水艦032型（清級）ぐらいでしょうか。

海上自衛隊は「たいげい」の試験潜水艦への種別変更に際し、「試験潜水艦の導入により能力向上が効率化され、水中領域の抑止力・対処力強化を加速します」とコメントしています。先述した垂直発射装置（VLS）や潜水艦発射型誘導弾の研究・開発にも大いに貢献してくれることでしょう。

「完成しない」からこそ、潜水艦は進化できる

潜水艦に限ったことではありませんが、兵器はつねに進化するものです。最新の潜水艦を開発したとしても、継続して次世代の潜水艦の研究を行なわなければなりません。

最新鋭の「たいげい」を惜しげもなく試験潜水艦にしたことはその象徴ともいえますが、それ以前から海上自衛隊は潜水艦の研究・開発に力を注ぎ、止まるところを知りませんでした。

海上自衛隊の潜水艦の歴史は１９５５年、日米艦艇貸与協定にもとづき、アメリカからＧＡＴＯ級潜水艦「ミンゴ」を受領したことに始まります。ミンゴは海上自衛隊で「くろしお」と改名されました。

海上自衛隊の創設は１９５４年ですから、2年目にして潜水艦戦力を保有したことになります。潜水艦をもつ海軍など数えるほどしかなかった時代だったにもかかわらずです。

５年後の１９６０年には、戦後国産第1号となる潜水艦「おやしお」が就役、翌１９６１年には潜水艦救難艦「ちはや」が就役するなど、海上自衛隊は急速に潜水艦戦力を整えていきました。

艦艇は一般的に、○○型といった艦型のなかで、ほぼ同じ構造や性能をもつフネを複数建造します。その理由はいくつかありますが、大きなものは、1隻ずつ設計を変えるとその分だけコストがかかること、そして運用する司令部としても性能がバラバラでは扱いづらいからです。

また、海上自衛隊の潜水艦は同型艦であっても初期につくられたものと後期につくられたものでは異なる兵装や性能をしていることがあります。

たとえば「ゆうしお」型は5番艦「なだしお」（１９８3年進水）以降、ハープーン対艦ミサイルの運用能力が付与（ふよ）され、水上排水量が50トン増加。「そうりゅう」型は、同型の特徴であったＡＩＰシステムを11番艦以降廃止して、リチウムイオン蓄電池を搭載しました。リチウムイオン蓄電池を機関に取り入れた潜水艦は「そうりゅう」型11番艦「おうりゅう」が世界初です。

「たいげい」型が1番艦からＡＩＰをもたず、リチウムイオン蓄電池を主軸に据えた機関構成をしているのは「そうりゅう」型での運用実績・研究を踏まえてのこと。新しい艦型を開発したからといってそれで終わりにはならず、つねに次のステップに進むための足がかりとしています。いうなれば、「完成しないからこそ、進化し続けることができる」わけです。

4 潜水艦乗りの任務と知られざる日常

海上自衛隊の潜水艦は、どんな艦内編成になっている？

海上自衛隊の潜水艦は艦長を筆頭とし、それを補佐する副長の下に4つの「分隊」と呼ばれるグループによって編成されます。

1分隊は魚雷やミサイルといった武器を扱う水雷科で、操舵も担当するなど潜水艦の花形。2分隊は戦闘解析や通信などを担当する船務科で、潜水艦の目となるソーナーを専門とする水測員もここに配置されます。水上艦だと1分隊に配置される水測員が2分隊に配置されるのが潜水艦ならではです。3分隊はエンジンを担当する機関科。4分隊は経理・補給といったお金やモノのほか、乗員の食事をつくる給養と傷病者を診る衛生を担当します。

水上艦では、幹部のなかでもっとも序列の高い者が副長を兼任しますが、潜水艦では副長にかならず航海長がつきます。

限られる人員、どんな勤務体制をとっている？

潜水艦の乗員は3グループで交代しながらフネを動かしており、このグループを哨戒直、略して

「直」と呼びます。

1つの直は6時間交代で、このあいだにかならず食事が入ります。次直の者は食事を済ませてから前直の者と交代し、前直の者は直を降りてから食事をとって休憩するというサイクルです。6時間働いて12時間休み、18時間で3グループがひと回りします。

なぜ24時間ではなく18時間なのかというと、24時間サイクルにすると、真夜中にしか直につかない、あるいはその逆に昼にしか直につかないというように、同じ時間で固定される乗員が出てきてしまうためです。

それでは不公平感が出るほか、乗員の練度にも影響があります。だからこその18時間サイクルなのです。

「潜航準備＝合戦準備」って、いったいどういうこと？

潜水艦は出港後、適宜「合戦準備」という号令が艦長によって下されます。現代で「合戦」とは古めかしく、戦闘準備と混同しそうな言葉ですが、これは潜水艦乗りにとって潜航とは、まさに命がけの戦いであるからです。

潜水艦は出港後、狭い水道を抜けて広い海に出たらできるだけ早く潜航しようとします。

理由としては２つ挙げられます。１つは安全のためです。現代の潜水艦は水中航行能力を重視してつくられているため、水上航行が苦手。具体的には、水中に比べて速力や旋回性能（舵の利き）が劣るほか、水上航行でも船体の３分の１ほどが水中にあることにより、他の船舶から発見しづらく、発見されたとしても船体の大きさを見誤られることが多く、事故へとつながりやすいのです。

もう１つの理由は、潜水艦最大の武器は隠密性にあるため、戦闘時以外も極力潜航して身を隠す必要があるからです。潜航中（ある程度の深度以下の場合）は水上のフネと衝突する可能性がなくなる一方で、潜航中に浮上できないような事態に陥れば大変なことになります。

このように、潜水艦の戦闘は会敵する前から始まっており、平時であろうが有事であろうが、命がかかっていることには変わりないのです。

合戦準備下令と同時に、乗員たちは自分の担当する区画をチェックオフリストとにらめっこしながら弁やスイッチなどを確認していき、それが済んだら潜水艦の頭脳である発令所に確認終了を報告します。

すると、哨戒直についていない幹部が各区画のチェックを手分けして行ない、これが終わって初めて発令所は合戦準備が終わったと判断し、合戦準備の状況を示す表示板を「済」に変えます。

潜航では、誰か１人のミスが大事故につながる危険性があります。だからこそ、ダブルチェックに加え、誰が見ても状況がわかるようにすることでリスクを減らしています。「合戦準備」とは、その潜航に向けたチェック開始の言葉であるとともに、乗員の気持ちを切り替える魔法の言葉でもあるのです。

水・電気・音・電波…艦内の勤務は制約だらけ！

潜水艦はほとんどのスペースがフネの運航や戦闘のために占められており、余った部分を人間が使わせてもらっているようなものです。

そのため、曹士用の居住区は3段ベッド、幹部用の士官寝室でさえ2段ベッドという狭さで、完全な個室は艦長のみとなっています。また、潜水艦には浴槽がなく、幹部用と曹士用のシャワー室があるのみで、毎日使用できるわけでもありません。

なぜ、毎日使えないかというと、真水の量が限られているからです。潜水艦の真水タンクはあまり大きくなく、海水から真水をつくる造水装置もありますが、こちらも電力の消費を抑えるためにできるだけ使用しないで済むように節水を心がけるのが潜水艦乗りです。

艦内での娯楽は、読書やＤＶＤ鑑賞、音楽鑑賞などですが、音を出す娯楽はヘッドホンを着用しなければなりません。大音量を出すと敵に探知されるほか、3交代で働いている都合上、寝ている乗員もいるからです。

当然ながら、艦内では電波がつながりません。また、情報保全上の理由からも携帯電話の使用はできません。さらに愛煙家にとってはツラい話ですが、現在の海上自衛隊の潜水艦では喫煙は不可です。

このように、フネという乗り物は大なり小なり乗員が制約を受けるものですが、潜水艦は水上艦よりもはるかに制約が多いのです。

もっともその分、「乗組み手当」という手当が水上艦よりも多く加算されているため、潜水艦乗りが高給取りなのは間違いありません。乗組み手当は海上自衛官の海上勤務の特殊性を考慮して給与にプラスして支払われるもので、水上艦で43パーセント、潜水艦だと55・5パーセントにもなります（2025年3月現在）。

乗組み手当は出港の有無にかかわらず、艦艇に配置されているだけで毎月もらえるものですが、出港があると日本から離れる距離が長くなるほど多くなる「航海手当」というものが日数分出ます。

自衛官の基本給は、階級と勤務年数で支給額の異なる俸給表（ほうきゅうひょう）によって決められています。防衛省も俸給表を公開しており、インターネット上でも確認することが可能です。俸給表だけを見ると、勤務内容を考慮すると少ない気がするかもしれませんが、乗組み手当や航海手当のように、勤務内容などに応じて手当が加算されていくのが自衛官の給与なのです。

ほかに高い手当の代表格として、パイロットに支給される「航空手当」がありますが、航空手当は各階級でもっとも低い（勤務年数が短い）初号俸で計算されるのに対し、乗組み手当は現号俸（基本給を計算する勤務年数と同じ）で計算されるので、パイロットと比べても給与が見劣りしません。

そのため、高級車に乗っていたり、停泊中に飲み歩く乗員もいます。

貯金が趣味という乗員であれば、20代半ばには貯蓄額が1000万円を超えていたりします。地獄の沙汰も金次第……なのかもしれません。

潜っているほうがマシ？ 水上航行は意外と過酷！

潜航時にあらゆる制約を受ける潜水艦ですが、水上航行時はどうなのでしょうか。

現代の潜水艦は、出港したら可能な限り速く潜航し、水上航行の時間を極力短くしようとします。

そのため、航海中における水上航行の比率は少ないですが、それでも水上航行の必要はあります。

海上自衛隊の潜水艦基地は広島県呉市と神奈川県横須賀市にありますが、いずれも太平洋に出るまでには、船舶の往来が多く、狭い水道を通ります。このときは潜航できないため、水上航行となります。

水上航行は潜航時に比べて制約を受けることは少ないですが、水上航行のほうが快適かというと、そんなことはありません。

現代の潜水艦は水上航行よりも潜航に向いた船体をしているため、水上航行時には揺れやすく、船酔いしやすい人にとってはツラい時間です。

また、水上艦であれば「艦橋（かんきょう）」という屋根のついた区画で操艦できますが、潜水艦は水上航行時にはセイルのトップに上って、野ざらしになりながら操艦しなければなりません。操艦者が艦長であっても同様です。

そのため、雨が降ると大変で、びしょぬれになりながら操艦するはめになりますし、海が荒れていると波をかぶることもあります。

さらに、フネを指揮する操艦者はセイルのトップにいるので周囲を目視で確認できますが、舵（かじ）を握る操舵員（そうだいん）は潜航時と同様に発令所にいるので周囲が見えません。

そのため、操艦者と操舵員は艦内電話で通話しな

水上航行中の「たいげい」型潜水艦

がらフネを動かします。

安全面でも問題があり、潜水艦は水上航行時でも船体の3分の1ほどしか海面上に出ていないため、周囲の船舶からは実際よりも船体が小さく見えますし、レーダーに映る大きさも小さくなります。周囲の船舶は潜水艦相手には大きく距離をとる必要がありますが、すべての船舶がそれを理解しているとは限りません。

そのため、潜水艦は自艦の存在に気づかれなかったり、大きさを誤認されることによる衝突事故を避けるため、「レーダーリフレクター」という反射板を一時的に取り付けて、他の船舶のレーダーに大きく映るようにするといった対策をしています。とくに夜間や霧が出ているような視界不良の状況下では、どの船舶もレーダー頼りになるので対策は非常に重要です。

最近では、AIS（自動船舶監視装置：Automatic Identification System）という船舶名・種類・位置・針路・速力などを自動的に送受信するシステムの搭載が一定以上のサイズの船舶に義務付けられているため、これをオンにすることによって、おのおのの船舶が事故防止に努めるようになりました。ただし、潜水艦は艦名を特定されるのを避けるため、水上航行時にAISをオンにした状態であっても、周囲の船舶に対しては「DOLPHIN」と表示されます。

なんにせよ、潜水艦乗りにとって水上航行は快適性・安全性どちらをとってもロクなものではなく、潜っていたほうがマシなのです。

ちなみに、潜水艦乗りになりたいけれど、「船酔いが何よりイヤだ！」という人には、呉よりも横須賀のほうがおすすめです。地図を見れば一目瞭然ですが、呉を出発して瀬戸内海から太平洋に出るには長い距離を走らなければならないのに対し、浦賀水道さえ抜けてしまえば太平洋に出られる横須賀は、水上航行しなければならない距離が短いからです。

何よりの楽しみは食！ 潜水艦のメシが格別なわけ

潜水艦乗りにとって何よりの楽しみは寝ることと食べること。食事の時間は交代の前後、朝（6時）、昼（12時）、夕（18時）、夜（24時）の4食が基本です。

潜水艦にとってもっとも恐ろしいのは火災ですし、火を起こすと貴重な酸素を消費してしまいますから、世界共通の認識として、潜水艦の艦内で火を使うことはできません。ガスコンロが使えない代わりにＩＨヒーターを使っていますが、旧帝国海軍の時代にも潜水艦では電気ヒーターを用いた釜を使用していました。それほど、潜水艦に火はご法度なのです。

また、調理器具だけではなくスペースも限られるため、食品、とくに生鮮食品の保存には難儀します。冷蔵庫はレタスやキャベツといった傷みやすいもののために使われ、タマネギやジャガイモ、バナナといった常温保存可能なものは、食堂で保存しています。

たとえば、食堂の長椅子は座面が開閉式になっており、椅子の内部にタマネギなどを収納することができます。バナナは天井にフックでひっかけて保存します。葉物野菜は同じ箇所ばかりが床に触れているとそこから傷むので、定期的に位置を変えるほどの念の入れようです。生鮮食品を消費してから冷凍野菜に手をつけるなどの工夫もしています。

さらに、海上自衛隊のフネでは毎週金曜日にカレーを出す習慣があることが有名です。潜水艦のカレーはどこも美味しいと評判で、フネごとに独自のレシピをもっていたりします。

食事は4分隊の給養員たちがつくりますが、彼らは京都府舞鶴市にある第4術科学校という海上自衛隊の4分隊員を育てる学校で専門の調理を学んだプロ。メニューについても栄養のバランスを考えて、毎月の献立が決まります。

娯楽が少なく、つねに緊張を強いられる環境にある潜水艦だからこそ、食事は乗員の士気に直結します。少しでも美味しいものを食べてもらいたいという給養員の思いも強く、それが潜水艦のメシのうまさの秘密なのかもしれません。

火災や浸水…非常時の対応と艦からの脱出方法は？

前項でも触れましたが、潜水艦を含むフネにとって、もっとも恐ろしいのが火災と浸水です。海上自衛隊の船乗りは全員、これらに対処する防火と防水を叩きこまれます。

とはいっても、実際に艦内で火災や浸水を起こすわけにはいかないので、横須賀や呉にある施設内で訓練を実施しています。

防火では「円タンク」という円形の大きなタンクに火をつけ、これを消火する訓練とフネの機械室＝エンジンルームに見立てた区画に火をつけて消火する訓練を行ないます。

防水では、あらかじめ開けられた穴からの浸水を「箱パッチ」という箱型の応急処置のための道具や木材などを使ってふさぐ訓練などを行います。穴の大きさが20センチメートルにもなると、もう大人が吹き飛ばされるほどの水圧になります。

訓練を通じて火や水の恐ろしさを知っていき、フネに乗るようになってからはそのフネの構造に応じた対処法をくり返し演練していかなければなりません。このように、フネがダメージを受けた際に被害を最小限に止める処置を、まとめて「ダメージコントロール」と呼びます。

しかし、どうやってもフネの沈没が免れないという段になると、艦長は総員離艦を命じて乗員をフネから脱出させます。

ここまでは水上艦も潜水艦も同じなのですが、極論すると海に飛びこめばいい水上艦と違って、潜水艦は海中にいるため、いきなり外に出ると水圧に押しつぶされたり、呼吸ができなくなって溺死したりする恐れがあります。そのため、緊急時の脱出方法が違うのです。

水上艦の総員離艦では、「救命いかだ」という海に浮かぶテントのようなものを脱出前に艦外に出し、救命いかだのなかで救助を待つことになります。一方、潜水艦は1章で説明した「潜水艦救難艦」（30ページ参照）が救助に来てくれるのが一番ですが、その時間もないときなどは、乗員は自力で脱出（「個人脱出」といいます）をしなければなりません。

海上自衛隊の潜水艦には前後2か所に脱出筒があり、ここから脱出できるようになっています。前後にあるのは艦首（前）と艦尾（後）どちらかが破壊されても、脱出経路を確保するためです。

脱出筒のなかには注水・排水や加圧するための装置があります。乗員は脱出の際、「スタンキーフード」という頭から胸くらいまでを覆うフードをかぶって脱出筒に入り、高圧空気によって脱出筒内を潜水艦の深度に対応した気圧まで加圧したところで、ハッチを開いて脱出します。

先に脱出した乗員はハンマーで叩くなどして脱出したことを艦内に知らせ、この合図によって脱出筒内の海水を排水し、次の乗員が同じ手順で脱出します。

これを全乗員が脱出し終わるまでくり返すわけですが、艦外に出たら潜水艦がいる深さ分の水圧がかかるので、この方法は深度数十メートル程度まででしか使えません。潜水病にかかったり、溺（おぼ）れたりする可能性もあるため、あくまで最終手段になります。

潜水艦を探知したはずが?! 現役時代の無念

海上自衛隊に幹部候補生として採用されると、1年間の幹部候補生学校と半年間の遠洋練習航海を経て専門となる職種が決定し、各部隊に配置されます。

幹部といっても、幹部のなかで最下級の下積み期間ですから覚えることも多く、雑用もたくさんやらなくてはならない大変な時期です。何よりまだ新米なので、スキルに対しての信用がありません。

私がそんな「ペーペー幹部」だった頃のお話です。当時は船務士というレーダーなどを専門に扱う役職についていました。

潜水艦との演習を行なっていたとき、レーダーに潜望鏡らしき目標が映っているのを確認した私は、とっさに「潜望鏡らしき目標、レーダー探知」と哨戒長(しょうかいちょう)に報告しました。護衛艦は1~3交代くらいの当直(ワッチ)で動かしますが、ワッチごとの責任者が哨戒長で、当時の私の上司でした。

潜水艦との戦いは、とにかく先に相手を見つけることに尽きます。私の報告を受けた哨戒長は驚いてCIC(戦闘指揮所)の電測員(レーダー員)に確認させましたが、そのときすでにレーダー画面上には私が見つけた目標の姿はありませんでした。

演習後には、味方部隊と敵部隊の動きを突き合わせる作業があります。そこで、敵潜水艦の航跡(こうせき)を確認すると、私がレーダー探知した場所の近くを航行していたことがわかりました。すぐに攻撃していれば、撃沈(げきちん)判定を取れた可能性があったわけです。

つまり、私はまだ、そこまでの信用を勝ち得ていなかったということです。

レーダー画面には小型船舶はもちろんのこと、波しぶきなども映ります。ある程度慣れないと潜望鏡と見分けるのは難しいのです。だからこそ、哨戒長は私の報告を信用せず、電測員に確認させたのでしょう。私が哨戒長の立場でも、そうしたと思います。

初級幹部の頃は、誰もがこうした悔しい思いをしています。それがバネとなって、幹部として「仕上がって」いくもの。技量や知識が増えれば、自然と周囲からの信頼を得られます。

とはいえ、今どきの護衛艦は潜望鏡を自動でレーダー探知できるようになっているので、あのときにこのような機能があれば……とは、今でも思ってしまいますが……。

艦長になるまでの道のりは?

海上自衛隊の幹部になるルートは、幹部候補生学校から入隊する「A幹」、3曹昇任後に部内試験に合格して幹部になる「B幹」、たたき上げで幹部になる「C幹」に大別されます(A幹になるルートは高校卒業後に防衛大学校に行くか、大学卒業後〈試験に合格すれば高卒でも可〉に一般幹部候補生課程の試験に合格するかの2通り)。

A幹の場合、1年間の幹部候補生課程と半年間の遠洋練習航海ののちに、自分の専門となる職種が決定し、そこで潜水艦要員に選ばれると1年間の水上艦勤務を経て、広島県呉市にある潜水艦教育訓練隊、略して「潜訓」という教育課程を6か月、さらに11か月の潜水艦部隊実習を受け、最後に資格認定試験に合格すると潜水艦乗りの証しである「ドルフィンマーク」を授与され、晴れて潜水艦乗りになれます。

幹部候補生学校入校からここまでで4年。防衛大学校からだとプラス4年で計8年の月日がかかります。ここまでやってまだ、潜水艦の幹部としては最年少の身。機関士や船務士といった初級幹部の配置です。

幹部の場合、役職の最後に「士」とつくのは初級幹部の配置で、最後に「長」とつく配置が中級幹部となりますが、水上艦の同期はこの時点で砲術長や航海長といった中級幹部として扱われています。

さらにその後、幹部中級課程、潜水艦戦術課程、指揮幕僚課程といった教育課程で勉強をし、中級幹部の役職である水雷長・船務長・機関長を経験してから副長に任ぜられ、また潜水艦指揮課程という教育課程にも入らなければなりません。

これ以外にも陸上の司令部や東京の市ケ谷にある防衛省での勤務などもあり、それらを終えてやっと艦長への道が開けます。最短でも17年くらいかかるので、潜水艦の艦長は若くても40歳前後です。潜訓のスローガンは、「Know Your Boat」＝「己のフネを知れ」ですが、己のフネである潜水艦を知るにはじつに20年近い歳月が必要になります。

潜水艦が強いのは単にフネ自体が強いだけでなく、それを操る人間の能力も高いからです。だからこそ、乗員を長い月日をかけて教育し、艦長となる予定の者には若い頃からさまざまな配置につけることで、艦長にふさわしい経験を積ませているのです。

5 通常型vs原潜、もし戦ったなら…

通常型と原潜、その長所と短所は？❶潜航時間と静粛性

原子力を動力源とする原子力潜水艦（原潜）と、それ以外のディーゼルエンジンなど内燃機関を動力源とする通常動力型潜水艦（通常型潜水艦）、その実力はどちらが強いのでしょうか。

結論からいえば、時間や場所などの制限がなく、技術水準や乗員の練度が同程度の潜水艦が1対1で戦えば原潜のほうが有利ですが、組織として運用するとなると、それぞれ一長一短があります。

通常型潜水艦の最大の弱点は、潜航時間と潜航距離が原潜に比べて劣ること。エンジンを回すのに燃料と給排気が必要になるからです。燃料がなくなればまったく動けなくなりますし、電池を充電しようとエンジンを回すには、給排気のために浮上、もしくは露頂深度まで浮上しなければなりません。

たとえば、潜水艦の攻撃＝襲撃を行なうには、まず攻撃しやすい位置へ移動し、攻撃したら反撃を回避するためにすぐさま攻撃位置を離れなければなりませんが、この途中で電池が切れて動けなくなったらおしまいです。そうならないためには電池残量に気を使う必要があり、可能なときにできる限り充電をしておく必要があります。

一方の原子力は発電に給排気を必要としません。原潜では一部の例外を除いて加圧水型原子炉と

いう機関を使っており、核分裂によってお湯を沸(わ)かし、発生した水蒸気をタービン羽根に吹き付けて回転力を生みだすことで、発電機やプロペラを回しているからです。

潜航したままエンジンを回すことができるので、一度出港したら入港するまでのあいだ、ずっと潜(もぐ)っていることも可能です。

原潜の航海日数は数か月ですが、これはフネとしての限界ではなく、糧食(りょうしょく)の補給や乗員の休養といった面から導かれた期間であり、人間が耐えられるのであればもっと長く潜航することもできるのです。

ここまでの説明だと原潜のほうが優(すぐ)れているように思えますが、通常型には通常型のメリットがあり、静粛(せいしゅく)性、安全性、小型化しやすい、コストが安いことなどが例として挙げられます。

水上を航行する米軍の原子力潜水艦「ルイビル」(2020年に退役)

静粛性にかんしていえば、通常型はエンジンやモーターを回すかどうかを任意で決めることができるのが利点です。その気になれば、最低限必要な機器以外は全部止めて、ほとんど音を出さないようにすることもできます。

一方、原潜だとそうはいきません。原子力機関は簡単に止めたり、動かしたりすることができないからです。一度起動した原子力機関は定期検査のとき以外は動かしたままにするのが一般的で、なおかつ動いているあいだは、燃料棒を冷やすために使う冷却水循環ポンプを止めることができません。

そして、この冷却水循環ポンプが騒音を発生させる原因になるわけですが、音が出るということは潜水艦戦では敵に探知されやすくなることにつながるため、致命的な弱点になってしまいます。

音にかんしては、ほかにも高速で回転する原子力機関の軸出力（じくしゅつりょく）で低回転のプロペラを回すとき、回転速度を合わせるために、あいだに「減速歯車」をかませる必要がありますが、これがまた騒音を発します。

最近の原潜では、ポンプの騒音を発生させないために、低出力時には冷却材の自然循環によって運転させたり、減速歯車をなくすためにタービンで発電機を回し、そこから電動モーターでプロペラを回転させる「ターボ・エレクトリック方式」なども存在しますが、いずれも搭載するのに高い技術力を要するほか、仕組みが複雑になる分、整備性に劣るなどの欠点があります。

このように、昔ほど原潜がうるさいということはなくなったものの、静粛性においてはまだ通常型のほうが有利です。

また、先にも述べたとおり、自艦が発する雑音とは別に、船体が大きくなるほどアクティブソーナーによって探知されやすくなるため、一般的に船体が小型である通常型のほうが被探知されにくくなります。ただし、電力の制限がないため、探知性能では原潜のほうが有利です。

通常型と原潜、その長所と短所は？❷安全性とコスト

安全性についても、原潜と通常型を比較してみましょう。

まず原潜は、原子炉を使っている以上、核燃料が融解（ゆうかい）する「メルトダウン」や放射性物質・放射線が漏（も）れだすなどといった原子力事故が起こる危険性から逃れることはできません。また、原潜は燃料の補給を必要としませんが、核燃料棒の交換はまだ行なわれており、交換作業の際には船体を切断する必要があります。

作業は大規模なものとなり、時間や労力といったコストだけでなく、危険もともなうため、こうした作業を必要としない通常型は、安全性においても原潜を上回るといえます。

ただし最近では、米英の原潜の一部に、核燃料棒の濃縮度を核兵器なみの93パーセント以上にす

ることで、潜水艦の寿命と同じ30年間程度、交換を必要としない艦も登場しています。

そのほか、大きな原子炉を積まなくてもよい通常型は原潜よりも小型化しやすく、小型である分、省人化して乗員の数を減らすこともできます。

建造費を比べると、アメリカの最新鋭攻撃型原潜「ヴァージニア」級は1隻あたり約27億ドルなので、日本円では約4000億円（1ドル150円で計算）。日本の最新鋭潜水艦「たいげい」型は約700億円ですから、5倍以上の価格差があります。乗員（定員）も134人の「ヴァージニア」級に対して、「たいげい」型は約半数の70人で運用可能です。

このように、建造費、メンテナンス費用、人件費などトータルで考えると、通常型はコスト面で優れており、これが通常型が原潜に対してもっともアドバンテージとなる点です。単純比較で5倍のコストがかかるとするなら、保有できる潜水艦の隻数は5分の1に減ることになるため、潜水艦22隻体制の海上自衛隊に当てはめると、その数は4～5隻まで減ってしまいます。

同レベルの技術水準にある通常型と攻撃型原潜が1対1で戦えば、攻撃型原潜が勝つ確率が高いでしょうが、全体で考えると「最低限、これだけは！」という隻数を保有しなければ、必要な任務をこなすことができません。

おカネやヒトが無限に湧き出てくるのであれば、アメリカのように原潜一択ですが、そうもいかない以上、コストとの兼ね合いになってきますから、「通常型を原潜に置き換えたほうが組織として強くなる」などという簡単な話でもないのです。

すべての原潜が核兵器を搭載しているわけではない

多くの人は「原潜＝核兵器を搭載している」というイメージをもっているかもしれませんが、少なくとも米海軍で核兵器を搭載しているのは、2025年現在において戦略ミサイル原潜「オハイオ」級のみです。それ以外の原潜は核兵器をもっていません。

原潜でなければ核兵器を搭載できないということもなく、ミサイルを搭載できるスペースさえあれば核兵器の搭載・運用は可能です。

核兵器とは、とどのつまり核弾頭を運搬できる兵器の総称ですから、核を運搬することができれば問題はなく、現代では技術の進歩によって核弾頭の小型化が進んでおり、省スペースでも核弾頭を搭載したミサイルの収容が可能になっています。

しかしながら、アメリカが戦略ミサイル原潜以外に核兵器を搭載しないのには理由があります。

全長114・8メートル、水中排水量7800トンの攻撃型原潜「ヴァージニア」級に対して、戦略ミサイル原潜「オハイオ」級は全長170メートル、水中排水量1万8750トンと、じつに2倍ほどの大きさ。当然、大きくなるほど、搭載可能な容量も増えます。

そして、「オハイオ」級のもつ潜水艦発射弾道ミサイル「トライデントⅡ」の射程は1万1000キロメートル以上です。アメリカ近海からでも、世界のほぼすべての場所に届くため、アメリカの戦略ミサイル原潜は、自国の近海から離れることはめったにありません。

長い射程のミサイルほど、ミサイルそのものも巨大になります。「トライデントⅡ」の大きさは全長13・41メートル、直径2・11メートル、重さ5万8500キログラム。対艦ミサイル「ハープーン」(潜水艦発射型)は全長4・63メートル、直径34・3センチメートル(翼を折りたたんだ状態)、重量690キログラムですから、まったく違います。これほど巨大な弾道ミサイルを「オハイオ」級は24基も搭載可能です。

核兵器の発射母体は原潜のみならず、地上のサイロ(大型ミサイルを格納・発射する施設)や車両、航空機などがありますが、このなかで原潜がもっとも優れているのは「残存性＝生き残る能力」。海中のどこにいるかわからない潜水艦を沈めるのは、たとえ核兵器を用いたとしても、不可能だからです。

本国が核攻撃を受けた際にも生き残り、確実に報復として核攻撃を行なう能力を有することによって、仮想敵の核攻撃を抑止するのが戦略ミサイル原潜の存在意義です。そのためにも、長期にわたって潜航できる原潜が核兵器を運用するのに向いていたわけです。

米海軍が核戦力の削減に踏み切れた理由とは

では、なぜ米海軍は戦略ミサイル原潜の弾道ミサイル以外の核兵器を廃棄したのでしょうか。

過去には、核弾頭を搭載した巡航ミサイルや核魚雷などが存在しました。しかし、1991年にブッシュ大統領（父）が海軍の核兵器を戦略原潜に搭載されているSLBM（潜水艦発射弾道ミサイル）のみに限定するという核軍縮宣言を行ないます。これに端（たん）を発し、それから20年ほどかけて海軍の核戦力を削減してきたのです。

その後、第1次トランプ政権下で行なわれた核体制の見直しのなかで、水上艦から発射できる核巡航ミサイルの復活が検討されましたが、2022年にバイデン政権がこれを中止したため、今後も核を搭載したトマホークが復活する見通しはまったくなく、在庫も現在では残っていません。

政治的には、アメリカとロシアのあいだで戦略核弾頭の数を制限する条約が結ばれたことが原因ですが、技術的には、核弾頭の威力を調整することができるようになったことが理由です。

核兵器は運搬手段であるミサイルの射程距離によって区分されます。たとえば、米ロ間で結ばれた中距離核戦力全廃条約（INF条約）では射程500キロメートル未満のものを戦術核（短距離）、射程500〜5500キロ未満のものを戦域核（中距離）、射程5500キロ以上のものを戦略核

（長距離）としています。

威力の高いものが戦略核、低いものが戦術核と誤解されがちですが、核兵器である限りはその威力にかかわらず、使用に際しては政治的インパクトが強いと考えられており、威力による区分は意味がありません。

また、威力が高いほどいいというわけではなく、そのときどきの状況や狙う目標に応じて、必要最低限の威力に絞ったほうが余計な犠牲を生まずに済みます。

そこで、米海軍のＳＬＢＭに搭載されている核弾頭は「威力可変型」となっており、戦略兵器でありながら威力を意図的に下げることができます。そのため、わざわざ戦術級の短距離ミサイルを別に用意する必要がなくなったのです。

さらには、核弾頭が搭載されている兵器を絞り、あらかじめ公開情報として出しておけば、ＳＬＢＭ以外のミサイルには核兵器が搭載されていないことが攻撃される側の国にもわかるので、意図しないエスカレーションを避けることもできます。

核魚雷も、対潜兵器の誘導性能に期待できなかった時代に「敵潜水艦の大まかな位置さえつかめれば、広範囲に威力を発揮できる核兵器によって撃滅できる」という考えから生まれました。しかし、対潜兵器の誘導性能向上により、核兵器に頼らずとも潜水艦を撃沈できる期待が高まったことで姿を消したのです。

世界一の潜水艦技術を誇る日本が原潜をもたないわけ

日本に原潜がない理由は、軍事的なものと政治的なものに分けられます。

戦後から冷戦終結まで、海上自衛隊の仮想敵はソ連海軍でした。ソ連海軍が米海軍と戦うべく太平洋へ抜けるためには宗谷海峡や大隅海峡などの限られた地点、チョークポイント（戦略的に重要な海上水路やその地点）を抜ける必要があるため、これらの海域を重点的に守っておけば問題はなく、通常型潜水艦で十分だったのです。原潜の強みは潜航時間と航続距離の長さですが、冷戦期の日本にはそれほど重要ではありませんでした。

また、現在の日本の安全保障上の主な脅威は中国・北朝鮮・ロシアですが、いずれも太平洋を隔てるアメリカと違って地理的に近く、やはり潜水艦が原潜である必要性が高くありません。さらに先に述べたように、コストの問題から、原潜を導入すると海上自衛隊の潜水艦は減ってしまいます。そうなると今までカバーできていたチョークポイントに潜水艦を置くことができなくなります。

このように、少数の強力な潜水艦よりも、それなりの能力をもった潜水艦の数を揃えたほうが日本の安全保障環境には適していたのです。

一方で最近、原潜を新たに導入する予定を発表し、話題になったのがオーストラリアです。オーストラリアは当初、フランスから12隻の通常型潜水艦を導入する予定でしたが、アメリカ・イギリスから原潜を導入する計画に切り替えました。

具体的なロードマップとして、２０３０年代前半にアメリカがヴァージニア級攻撃型原潜3～5隻を売却、後半にイギリス・オーストラリアが合同で次世代原潜を建造、そして２０４０年代前半をめどに、オーストラリアが自国で原潜を建造する能力を有するという予定になっています。これを受けて、オーストラリアでは国内の原子力関連法案の整備、訓練・研修を目的とした軍人・職員の派遣といった原潜取得のための準備を開始しました。

オーストラリアが通常型から原潜に切り替えたのは、主に地理的な理由によります。オーストラリアにとって目下の脅威は急速な軍拡を続ける中国。これを米英と協力して抑えこむには、インド太平洋地域に潜水艦を派遣して米海軍の戦力を補完しなければなりませんが、それには本国からの距離が遠すぎるため、通常型では航続距離が足りません。

このように、オーストラリアが通常型から原潜に切り替えたのは、強いからではなく、展開する予定の海域が母港から離れている地理的要因によるのです。

対して、海上自衛隊が展開するのはあくまで自国周辺海域に限られており、オーストラリアとは安全保障環境の条件が異なります。今ある数を減らしてまで原潜を調達するメリットがないのです。

政治的な問題としては、日本が核攻撃を受けたことのある唯一(ゆいいつ)の国ということもあり、核に対する拒絶反応を無視することができなかった事情もあります。

1963年1月、アメリカは日本に原潜の寄港を求めてきましたが、日本政府は核に対する安全性や国民感情を理由に回答を保留。翌1964年に寄港を承認し、同年11月に日本に初めて原潜が入港することになりました。

このとき、長崎県佐世保市に入港したのが米海軍の攻撃型原潜「シードラゴン」。これに際して、原子力委員会が「安全に支障はない」との見解を出しましたが、事態は沈静化せず、原潜の日本寄港に対する反対運動がくり広げられることになりました。

その後、原潜の佐世保入港は日常化し、2025年2月までに通算457回を数えますが、いまだに反対意見はくすぶっており、依然として原潜取得に向けた政治的なハードルは高いのです。

日本が原潜を保有するには、これだけの課題がある

先に触(ふ)れたように、原潜の建造費は通常型の5倍、乗員も2倍ほど必要です。定期的なメンテナンスも、原潜は1隻／1年あたり100億円ほどの費用がかかりますし、動力である原子炉を廃炉にするにも廃棄コストが必要となり、こちらも100億円以上がかかります。

つまり、建造・維持・廃棄までにかかるコストや手順をあらかじめ見積もっておかないと原潜を

保有することはできないのです。

アメリカやフランスは、これまで原潜を解体処分してきた実績がありますが、イギリスは原潜の退役から30年かかってやっと解体に着手しました。

ロシアでは、ソ連崩壊後の資金難で廃棄予算を用意することができず、40隻もの原潜が退役後も解体されずに港に捨て置かれました。その多くが腐食して浸水し、放射性物質が漏れる事故も起きたほか、放射性廃棄物が日本海に捨てられたりもしました。このときは、アメリカや日本などが費用を捻出して廃棄に協力せねばならなかったほど、事態は深刻化しました。

乗員育成も原潜保有には欠かせません。クルマを運転する分にはエンジンの仕組みなどわかっていなくても問題がありませんが、フネの場合はエンジンの仕組みを理解しておく必要があります。クルマであれば、運転中に不具合が出たら停車し、レッカー車を呼べばよいでしょう。しかし、フネはすぐに港に戻れるわけでもなければ、レッカー車に相当するものが来てくれるわけでもありません。すべて乗員が対応しなければならず、エンジンの仕組みがわかっていないと、さらなる大事故に発展する危険性があるのです。

通常動力であれば、最悪の事態において乗員全員が殉職しますが、原子力機関であれば、それに加えて原子力事故となって周辺海域を核物質で汚染してしまうことにもなりかねません。

また、海上自衛隊では個人ごとに専門となる職種が決められており、これを「マーク」と呼んでいます。エンジンにかんするマークもあり、ディーゼルやガスタービン、蒸気などと細かく分かれています。これは、それぞれエンジンの仕組みが異なるからですが、原潜を保有するなら新たに「原子力」といったマークをつくらなければなりません。海上自衛隊では創隊以来、原子力機関を扱ったことがなく、専門の乗員を教育するところから始める必要があります。

原子力機関を扱うには高度な知識と技能が必須で、とくに幹部の機関長レベルになると修士、大学院レベルの原子力工学を理解しておく必要があります。原潜の機関長育成は米海軍も手を焼いているため、日本で新たに原潜用の機関科員を育てるには、おそらく10年から20年ぐらいはかかるのではないでしょうか。

さらに、潜水艦に限らず、フネは港がなければ運用できませんが、核を動力とする以上原子力事故の可能性はつきまといます。その可能性も含めて、地域住民の理解を得なければなりません。原潜保有は、単にフネを買えばいいというものではないのです。

単純な戦闘力だけでは、真の強さは測れない

ここまで説明してきたように、単純な能力だけを見れば原潜は非常に強いフネですが、通常型と原潜のどちらにもメリット・デメリットがあり、原潜はあらゆるコストが通常型よりもかかります。

そのため、通常型と原潜どちらを必要とするかは国ごとに事情が違いますし、コストを負担できるかどうかはフトコロやヒトの問題です。日本のように通常型のみを保有する国もあれば、アメリカのように原潜のみをもつ国、あるいは中国のように原潜と通常型両方を運用する国とさまざまです。単に「強さ」だけでは、どちらがよいとも言い切れません。

海上自衛隊は米海軍と長く演習を行なってきており、ときには米海軍の原潜や空母などから撃沈判定を取ったこともありました。ただし、あくまで演習のなかでの話。これをもって通常型潜水艦や海上自衛隊が強いというわけではありません。

実戦は時間や作戦海域に制限がありませんが、演習は限られた時間や海域内でルールを決めて行なうものなので、原潜は無限に近い動力から生まれる長い航続距離や潜航時間を活かすことができないからです。その一方で、限られた時間と場所のなかでは、通常型が原潜を上回るときがある、ということもこの結果からわかります。

だだっ広い外洋において、時間無制限で戦えば通常型が圧倒的に不利ですが、今までの海上自衛隊のように狭い海域（チョークポイント）で待ち伏せをするといった使い方であれば、通常型にも勝ち目はあるのです。

ようは使い道、いかに自分の得意なポイントを出せる環境で戦うかによるので、通常型と原潜のどちらがいいのかは、やはりその国の安全保障環境とそれに応じた運用次第ということになります。

6 潜水艦の「強さ」は性能だけでは決まらない

「いるかもしれない」と思わせるだけで、敵は消耗する

敵から見た潜水艦のもっとも恐ろしい点は「いるかもしれない」こと。「いること」を証明するのは簡単ですが、「いないこと」を証明するのは大変なのです。

水上艦相手であれば、レーダーや目視（もくし）などで比較的簡単に一定の範囲内の海域に存在していることが確認できますし、水上艦側もあえて姿をさらすことで存在をアピールし、抑止力を働かせることがあります。しかし、潜水艦は海中に潜（ひそ）む性質上、いるのかいないのかわかりません。

潜水艦はほぼ1隻で行動しますが、潜水艦がたった1隻潜んでいただけで空母や補給艦、輸送艦といった価値の高いフネが沈められてしまうこともあります。

たとえば、中国とアメリカではまだ米海軍のほうが強く、中国海軍には米海軍の空母を正面から沈める力はありませんが、中国近海には中国海軍の潜水艦が潜んでいるため、不用意に近づくと潜水艦によって米海軍の空母が沈められてしまう可能性もあります。

このように、価値の高いフネを作戦海域に投入するには、その海域に潜水艦の脅威が存在しない、あるいは脅威が低いということを確認してからでないと、高いリスクを背負うことになるのです。

では、どうやって敵潜水艦が作戦海域にいないことを証明するのでしょうか。

それには、偵察衛星で敵潜水艦基地の状況を確認したり、固定翼哨戒機を飛ばして潜水艦を探知したりしなければなりません。より念を入れるなら、対潜ヘリをもったフネを送りこみ、しらみつぶしに捜索する必要もあります。

そこまでやっても探知できないことのほうが多いのが潜水艦で、絶対に安全とまでは言い切れないため、空母を派遣する際には空母を護衛する艦艇も同時につけなければなりません。

言い換えれば、敵が潜水艦を保有しているなら、こちらは衛星・哨戒機・対潜能力をもった艦艇などを用意する必要があるということ。極端な例になりますが、「明日、○○で爆破テロをする」などという犯行予告があれば、可能性が低い場合であっても警察は警備を強化せざるを得ません。

警備の強化には追加の人員が必要になるため、余計なコストです。これも「かもしれない」が引き起こすコストの強要だといえます。つまり、潜水艦は姿を見せることなく、「いるかもしれない」と思わせるだけで相手に戦力を用意させ、疲弊させることができるのです。

相手に負荷をかけて力を消耗させる、本当は負担したくないコストを強要する戦略を「コスト・インポージング」といいます。この「コスト」とは金銭のみにとどまらず、労力や時間といった幅広い概念としてのコストです。

潜水艦をもつ国が仮想敵である場合は、先に述べた対潜戦力を揃えなければなりません。そのため、劣勢な海軍であっても潜水艦を保有していればあらゆるコストを優勢な海軍に押し付けることができるのです。
顕著な例が第１次世界大戦のドイツでしょう。ドイツの敵であったイギリスは強力な海軍を保持していたため、正面から戦ってはドイツに勝ち目はありませんでした。事実、イギリスは優勢な海軍力を背景にドイツに海上封鎖を仕掛けます。その効果はすぐに現れ、北海経由で輸入していた物資はドイツに届かなくなりました。

そこでドイツが目をつけたのが潜水艦でした。敵海軍の勢力圏下であっても行動できるという潜水艦の特性は、劣勢なドイツ海軍にもってこいだったのです。

古来、制海権を獲得し、敵のシーレーンを遮断する海上封鎖は長らく水上艦の役目でしたが、潜水艦の登場でそうとも限らなくなりました。その結果、３００隻の潜水艦によって約５０００隻もの船舶を沈められたイギリスは食糧など物資不足に悩まされます。優勢なはずのイギリス海軍が、劣勢のドイツ海軍に逆に海上封鎖を受けてしまったのです。

もっとも、ドイツが用いた「潜水艦が敵国に関係すると思われる船舶に対して目標を限定せず、無警告で攻撃を行なう」無制限潜水艦作戦は、２章でも触れたとおり、多数のアメリカ人が乗船していた旅客船「ルシタニア号」を撃沈してしまったことでアメリカの参戦を招き、ドイツ敗北の一因となります。

しかし、イギリスに与えた物的・心理的ダメージは大きく、ドイツ敗戦後の処遇を決めるヴェルサイユ条約では陸・海軍戦力の量的制限に加え、潜水艦は名指しで所有を禁じられたほどです。このときのイギリスの懸念は正しく、第2次世界大戦でふたたび潜水艦を用いたドイツ海軍は、やはりイギリスを苦しめました。

これは現代においても同様です。台湾は2023年に初となる国産の潜水艦を建造しましたが、それ以前にはわずか4隻の潜水艦しか保有しておらず、うち2隻は第2次世界大戦から使われている旧式のものでした。近代的潜水艦だけでも60隻近い中国人民解放軍海軍とは戦力が違いすぎます。

これほど優勢な中国にとってすら、台湾の潜水艦戦力がわずかでも増強されることは煩わしく、長らく中台のバランスに配慮するようアメリカなどに働きかけて、台湾にまともな潜水艦をもたせないようにしてきましたが、中国海軍の急速な成長に危機感を感じた台湾はついに国産潜水艦を建造する必要性に迫られたのです。台湾は今後最低でも8隻の国産潜水艦を建造する計画で、実現すると中国にとって厄介なことになるでしょう。

また、魚雷しか装備していなかった頃の潜水艦であれば、最悪でも船が沈められるくらいのものでしたが、現代の潜水艦は巡航・弾道ミサイルによって対地攻撃手段も有しているため、潜水艦に対抗する手段を用意していないと、その攻撃を阻止することができなくなってしまいます。

このような理由から、圧倒的な戦力差があっても敵の潜水艦は無視できない存在で、それゆえに「相手の思うツボ」だとわかっていても、コストをかけざるを得ないのです。

戦略ミサイル原潜は、核兵器でも沈められない！

核兵器には大きく分けて3種類の発射母体があり、それが「地上発射型」「航空機発射型」、そして「潜水艦発射型」です。世界最強の核保有国アメリカは、この3種類を核兵器の3本柱と位置づけています。

なぜ、複数の発射母体を用意する必要があるかというと、それぞれ役割が違うからです。地上発射型の弾道ミサイルは即応性が高く、命令を受ければすぐさま撃てるため先制攻撃に向いていますし、航空機発射型は途中で目標を変更することができるなど柔軟性に優れています。半面、これらの発射母体は核兵器の先制攻撃を受けると生き残れる確率＝残存性が低いという弱点があります。

3つの発射母体のなかで、もっとも残存性が高いのが潜水艦発射型で、その特性を最大限引き出したのが戦略ミサイル原潜です。

原子力を動力とする原潜は数か月にわたって潜航を続けられるため、正確な位置を捕捉するのはまず不可能。位置がわからなければ、最強の核兵器をもってしても原潜を沈めることはできません。

核兵器はたった1発でも甚大な被害をもたらすため、米ソ冷戦期にはいかにして相手の核攻撃を抑止するかが真剣に考えられましたが、そのなかに「相互確証破壊」があります。

これは、片方が核兵器の先制攻撃を行なったとしても、先制攻撃を受けた国の残存核戦力によって確実に核兵器による報復があるということを保証して、抑止を働かせるもの。核兵器を使用すれば、お互いが耐えがたい損害を受けることがわかっているため、核兵器の先制使用そのものを防げるという理屈です。

この相互確証破壊が成立するために必要な発射母体が戦略ミサイル原潜です。なぜなら、核兵器をもってしても沈めることができない残存性を有しているからです。ただし、潜水艦は海中に潜んでいるため、通信能力に難があり、露頂深度まで浮上しなければ電波の送受信ができません。潜水艦発射型は、地上発射型や航空機発射型と違って、即応性や柔軟性に劣り、先制攻撃には向かないのです。

1962年のキューバ危機の際、ソ連の潜水艦B－59は数日間にわたって司令部との通信が途絶したため、状況を把握できませんでした。そして、米海軍が演習用爆雷を投下してB－59の強制浮上を試みたため、米ソが開戦したものと艦長は判断し、核魚雷の使用を企図します。

B－59の核魚雷使用は、艦長、副長、政治将校3人の全会一致が条件でした。このときは副長が反対したため、幸いにして発射されることはありませんでしたが、一歩間違えれば核戦争に発展していたでしょう。

このように、どの発射母体にも一長一短があるため、核戦力を整備する際には複数の発射母体を組み合わせるのが理想的なのです。

深く潜れる潜水艦ほど、優位にたてる?

潜水艦の能力を示す指標として、最大潜航深度があります。しかし、深く潜れる潜水艦がかならずしも強いとは限りません。

たしかに深く潜ることができれば、行動範囲に比例して選択肢が増えて見つかりにくくなり、魚雷の攻撃可能深度より深く潜れれば、攻撃されることもなくなります。それでも、潜水艦の潜航深度が重視されたのは冷戦期くらいまでで、近年の潜水艦ではあまり重視されなくなりました。

技術的には深い深度、それこそ1000メートルの深さまで潜れる潜水艦をつくることは可能です。具体的には、潜航深度を上げるためには水圧に耐える耐圧殻と深度圧で機能するポンプ類などが必要になります。ただし、耐圧殻の強度を上げると重量は増加し、深海の深度圧で機能するポンプ類も大型化してしまいます。

つまり、深く潜れる潜水艦は自然と重く、大型化するということですが、潜水艦の容量は限られているので、何かを得るためには別の何かを犠牲にしなければなりません。潜航深度を得るためには、その分だけ鈍重になったり、建造費が跳ね上がったりするのです。

そこまでして深く潜れるようにしたところで、1000メートルの深さがある海域で行動しないのであれば意味がありません。弾道ミサイル原潜は自国の沿岸を離れることがあまりなく、アメリカだと近くに敵の対潜哨戒機や艦艇がやってくることも考えられません。中国でいえば、東シナ海の水深が浅いため、深く潜れるようにつくる必要もないのです。

攻撃型原潜も潜航深度を重視するようになってきており、アメリカの最新型「ヴァージニア」級は前級のシーウルフ級・ロサンゼルス級よりも潜航深度が浅くなっています。

対潜兵器も、必要がないから深い深度で使える兵器が出てきていないというだけであり、もし1000メートルくらいの深さで潜水艦が行動するのが主流になれば、それに合わせた兵器が登場するでしょう。そうなればまた、深く潜れることの優位性は失われてしまいます。

潜水艦は通信や給排気、敵艦の探知や自艦の位置確認など、ありとあらゆる理由で露頂深度まで浮上する機会が多く、常時数百メートルの深さにいるわけでもありません。潜航深度が深いに越したことはないのですが、あくまで他の能力や要素との兼(か)ね合いによるのです。

米海軍の最新鋭艦が、あえて能力を抑えた理由

最大潜航深度と同様に、最大速力が上のほうがよいということでもありません。速く動けば動く

ほど電力を消費するので、通常型にとっては潜航時間が短くなりますし、原潜であっても速く動くほどに大きな音が発生します。

潜水艦は「見つかったら負け」なので、探知される要因はできるだけ減らさなければなりません。速く動ければ有利な局面もありますが、速さと引き換えに静粛性を失っては元も子もないのです。また、速力を重視するとコストも跳ね上がります。その最たるものが米海軍の攻撃型原潜「シーウルフ」級です。

同艦は冷戦後期、ソ連海軍のあらゆる原潜を凌駕する性能を求められて完成し、プロペラではなくポンプジェット推進を採用したことで最高速力は35ノット（時速約65キロメートル）ともいわれますが、建造費は21億ドルになりました。これは、前級潜水艦「ロサンゼルス」級の10倍近くに相当します。

戦力化も予定より大幅に遅れ、１番艦の就役が１９９７年と冷戦がとっくに終わった時期になりました。コスト高もあり、当初29隻建造する予定だった同級は、わずか３隻の建造で打ち切られてしまいました（３番艦「ジミー・カーター」は、船体が無人潜水艇や特殊部隊を搭載するために約30メートル延長されているため、厳密には「シーウルフ」級と同型艦とはいえません）。

「シーウルフ」級に続く米海軍の最新鋭潜水艦「ヴァージニア級」は、この反省を活かして最高速力を34ノット程度まで抑えているとみられ、コスト削減を図ったことがうかがえます。

「シーウルフ」級は冷戦期最強の潜水艦を目指して最高の性能でつくられたため、最新鋭の「ヴァージニア」級すら上回る性能を有していますが、米海軍の行動範囲が世界じゅうである以上、ある程度の数を揃えなければ意味はありません。コストを無視して少数の高性能艦をつくっても仕方がないのです。

中国海軍の脅威拡大で、対立の場は浅海域へ

冷戦期はアメリカとソ連という2つの超大国間の対立を軸としており、両海軍は外洋でにらみ合っていました。外洋は広く、概して深度が深い深海域が多いので、米ソどちらも潜水艦の外洋での能力を重視し、速力や潜航深度を求めました。

しかし、近年注目されるようになったのが浅い海域での戦いです。

冷戦期に米海軍は中国人民解放軍海軍を脅威と考えていませんでしたが、1996年に台湾が史上初の総統の直接選挙を行なって民主化すると、その様相が一変します。台湾統一を国是(こくぜ)とする中国が台湾周辺海域でミサイル発射訓練等を実施し、総統選に圧力をかけたのです。この出来事は「第3次台湾海峡危機」と呼ばれています。

中国の軍事力を背景にした威嚇(いかく)に対し、米海軍は空母戦闘群を派遣します。当時の中国海軍に米

海軍と戦う力はなかったため、中国は矛を収めますが、台湾を内政問題と捉えているため、米海軍の行動を「外国の介入」と非難し、雪辱を誓って海軍の増強に乗りだします。

中国経済の急発展にともなって中国海軍は急拡大を続け、２０１０年代には海上自衛隊をしのぎ、今では米軍最大の脅威となりました。

この中国を相手にする場合、あるいは中国から見てアメリカとその同盟国である日本を相手にする場合に戦場となりやすいのが浅海域です。

潜水艦は待ち伏せが得意な艦種。待ち伏せが効果を発揮するのは、そこを敵が通るのが確実なときです。そして、その場所として適しているのが、そこを通らなければほかの海域へ移動することができない「チョークポイント」です。

中国から見ると、太平洋に出るルート上に日本列島や台湾、フィリピンなどが覆いかぶさっています。沖縄本島—宮古島間やバシー海峡などといった限られた海域が中国にとってのチョークポイントになりますが、これらの海域の水深はあまり深くなく、潜航深度が重要視されません。

水深が深く、広い海域では潜航深度や速力に優れる原潜が有利ですが、浅く、狭い海域だと小型で静粛性に優れる通常型のほうが持ち味を発揮できますし、コストが安いので数を揃えられるメリットがあります。そのためか、２０２３年時点の中国海軍が保有する潜水艦は弾道ミサイル原潜6隻、攻撃型原潜6隻、通常型潜水艦48隻という割合です。

「われ、原子力にて航行中」。史上初の原潜ノーチラス

原子力を動力とする潜水艦をつくろうという考えそのものは古くからあり、1939年には米海軍が構想を練っていました。

しかし、第2次世界大戦には間に合わないと考えられたため、原潜開発の優先順位は低く、本格的にアメリカが開発を始めたのは戦後の1946年になってから。

その中心的な役割を果たしたのが、のちに「原子力海軍の父（Father of the Nuclear Navy）」と呼ばれるようになるハイマン・ジョージ・リッコーヴァー（当時は海軍大佐、最終階級は海軍大将）です。彼は原潜の有用性を説き、開発を任されました。

史上初となった原潜の名は「ノーチラス」といいます。

1955年、処女航海に出た「ノーチラス」は「われ、原子力にて航行中」という有名な電報を発します。原潜の幕開けを告げた強力なメッセージでした。

「ノーチラス」は連続潜航1381マイル（約2560キロメートル）と無補給で6万2562マイル（約11万6000キロ）の航行が可能なことを実証し、それまでの潜水艦の常識を次々と打ち破りました。

実験的な意味合いが強かったため、「ノーチラス」の建造は1隻のみに終わりますが、米海軍はその後も原潜の建造に注力していくなど、米海軍の方向性を決定づけた歴史的なフネとなりました。

1980年の退役後も、コネチカット州で記念艦として保存・公開されています。

潜水艦は戦争を支配する

原潜が登場してから70年以上経ちますが、そのなかで唯一（ゆいいつ）、敵の軍艦を撃沈（げきちん）したことがあります。1982年のフォークランド紛争でイギリスの攻撃型原潜「コンカラー」がアルゼンチン海軍の巡洋艦「ヘネラル・ベルグラーノ」を沈めたものです。

使用されたのは1927年から運用されていた旧式の「マーク8」という無誘導の魚雷。旧式とはいえ、長らく運用されてきた実績から信頼性は折り紙つきでした。

3発発射された魚雷のうち2本が「ヘネラル・ベルグラーノ」の艦首と後部に命中、同艦は致命的なダメージを受け、艦長はダメージコントロール不可能と判断し、命中から約20分後、総員に離艦（りかん）を命じました。アルゼンチン海軍は「コンカラー」に攻撃されるまでその接近に気づかず、攻撃されたあとも探知できなかったのです。

「ヘネラル・ベルグラーノ」撃沈後、アルゼンチン海軍の水上艦艇の活動は著（いちじる）しく低下し、戦闘に加わることがなくなっていきます。これは、「いるかどうかわからない」潜水艦を恐れたからであり、イギリス海軍は自由に動けるようになりました。

1隻を沈めたのみですが、心理的効果は大きく、まさに「潜水艦は戦争を支配する」を示した好例であるといえるでしょう。

食料自給率が低いと戦争に負ける？

食料自給率とは、食料の国内消費に対する

国内生産の割合を示したもの。日本全体で私たち国民が食べた食料のうち、国産のものがどれくらいを占めているかを表した数値で、「カロリーベース」と「生産額ベース」に分けられます。

カロリーベースとは、人が生きていくために必要なエネルギー量であるカロリーで換算した割合で、生産額ベースとは単純なエネルギー量ではなく、米や野菜・肉・魚など異なる品目を金額に換算した割合になります。

日本がどのくらい輸入に依存しているかを測るのに食料自給率はわかりやすい指標で、2023年度の日本の食料自給率はカロリーベースで38パーセント、生産額ベースで63パーセントとなっています。

つまり、ふだん私たちが食べているものの6割以上は、外国から輸入したものということです。

なぜ、食料自給率が大切かというと、3つの理由が考えられます。

1つ目に、食料は生きるうえで不可欠なものであること、2つ目に日本は輸入への依存度が高いこと、最後に輸入は不確実性が高いことです。

1914年に第1次世界大戦が始まると、日本では食料を輸入に頼ることへの不安が高まりました。自国で生産しないモノは輸出先の都合によって価格が変動したり、十分な量を買うことができなくなったりと、コントロールできないことが多いからです。

よって、食料自給率が高いに越したことはないのですが、食料自給率が低くても戦争に勝った事例は存在します。

日本と似たような条件だと、第1次・第2

次世界大戦におけるイギリスがわかりやすいでしょう。

イギリスの食料自給率はカロリーベースでそれぞれの開戦時に3～4割ほどしかなく、現在の日本と大差ありませんでした。

なぜ、これほどまでに低い食料自給率でイギリスは2度の世界大戦を戦い抜き、勝利できたのかというと、イギリスは食料の輸入先と海上交通路であるシーレーンを確保していたからです。

このことから、輸入できる味方を増やしておくこと（外交）とシーレーンを確保できる海軍力（軍事）をもっていれば、たとえ食料自給率が低くても数年に及ぶ戦争を戦えることがわかります。

平時と変わらぬ食生活を維持したいのなら、不確定要素の多い輸入に対する依存は下げたほうがよいというのはそのとおりです。

ただし、「食料自給率」と「輸入先の確保・シーレーン防衛」をトレードオフ（一方を優先すると、他方を犠牲にしなければ両立しないこと）の関係にすべきではありません。

つまり、自国の食料自給率さえ上げれば、シーレーン防衛が必要なくなるなんてことはないのです。

それは、第2次世界大戦が始まった1939年時点における日本の食料自給率からもわかります。

当時の日本の食料自給率はイギリスの2倍、8割を超えていました。しかし、日本は食糧難に陥り、戦争にも敗北します。

その理由は、輸入先の確保とシーレーン防衛に失敗したから。仮に食料を100パーセント国内で生産できたとしても、シーレーン防衛に失敗し、国外からの輸入が途絶えてしまえば日本は立ち行かなくなります。

農作物の栽培には化学肥料が必要で、主なものに尿素、リン安、塩化カリの3つがありますが、このほぼ全量を輸入に依存しています。尿素はマレーシア、リン安は中国、塩化カリはカナダが最大の輸入先です。

これらが入ってこなくなると農作物をつくることができなくなります。肉類を食べたいのであれば家畜のエサとなる飼料、トウモロコシや麦などが必要ですが、こちらも8割ほどが輸入です。

また、燃料となる石油がなければトラクターなどの農業機械は使えませんし、できあがった農産物を流通させるにもトラックなどの輸送手段が必須です。日本はいうまでもなく、原油のほぼ全量を輸入に頼っています。

このように、シーレーン防衛に失敗すると、食料自給率が100パーセントだったとしても食糧難に陥ることになるのです。

そして、食料自給率が100パーセントあれば、食料を輸入しなくてもよいということでもありません。

たとえば、アメリカはカロリーベースで食料自給率が121パーセントあり、国外に多くの食料を輸出していますが、輸出と同じくらいの規模で輸入もしています。消費者のニーズに応えるためには輸入しなければならない品目もあるからです。

どの国でも気候的に生産が難しい農産物があり、それは世界一の農業大国アメリカであっても同じ。

生産が簡単とか難しいというのは、単なる生産量に止まらず、質や価格面も含みます。

自国は得意なことに集中し、苦手なことは他国に任せたほうが世界全体として効率がよくなるという考え方を「比較優位の法則」といいますが、これはアメリカにも当てはまります。外国からの輸入を断たれて、困らない国などないのです。

7 海自の潜水艦が向き合う脅威と未来

通常型も原潜も、かつての弱点を克服しつつある

通常動力型潜水艦は静かだけれども、潜航時間、航続距離、速力など動力に難があり、一方、原子力潜水艦は通常型の弱点がないかわりに「うるさい」というのが定説でした。しかし、現在ではどちらもその弱点を克服しつつあります。

ひと昔前の通常型は、せいぜい数日しか潜航していられませんでしたが、AIPやリチウムイオン蓄電池の登場で1週間以上の潜航も可能になってきました。原潜もかつてのものと比べると静かになってきています。防音技術の発展にともなって原潜の静粛性は格段に向上しており、かならずしも原潜のほうがうるさいということはなくなっています。

コストさえ度外視すれば、原潜こそが最強の潜水艦なのですが、コストを無視することは世界一の経済大国アメリカですら不可能ですから、コストを考慮したうえで必要な数の潜水艦を揃えなければなりません。

海上自衛隊潜水艦の主な仮想敵は冷戦期ではソ連の原潜、最近では中国の原潜です。通常型と原潜の両方の潜水艦を建造できる国で、その国の通常型と原潜が1対1で戦ったのならば原潜のほうが有利。きわめて単純化した話をするなら、通常型と原潜ではやはり原潜のほうが強いのです。

海上自衛隊は、本来不利な通常型潜水艦を用いて原潜に勝利することが長年求められてきました。ただし、通常型に比べて原潜が有利というのは同水準の潜水艦同士での話。現実には潜水艦を建造できる国であっても、国によって技術力に差があります。

原潜がかならずしも通常型の上位互換ではないということは、ここまで説明したとおりです。長大な航続距離や弾道ミサイルのような武装を必要とするのであれば、大型化しやすい原潜が、自国近海で待ち伏せをするのが主な使い方であるなら、静粛性やコストに優れる小型の通常型が向いています。

また、原潜に限っても攻撃型と戦略ミサイル原潜に大別できるわけですから、潜水艦といってもどんな能力をもっているかは種類によって違うのです。各艦の能力はトレードオフの関係にあり、何か長所をもたせれば、その分短所を生みます。万能で最強の潜水艦など存在しないのです。

それを踏まえて、どんな能力を優先し、どのくらいの数の潜水艦をつくるべきかは、各国の安全保障環境や国内事情などによるのです。

潜水艦も水上艦も「フネは港に依存する」

水上艦や潜水艦といったフネ＝海上戦力は港に依存する特性をもちます。燃料や糧食の補給、乗員の休養、整備などのために、拠点となる港がなければならないからです。

とくに潜水艦は隠密（おんみつ）性を維持するため、洋上で補給を受けることが困難ですから、補給のために港に戻る重要度は水上艦よりも高くなります。

となると、フネが港のある地元に受け入れられるのは非常に大切なことです。糧食などを売ってくれる地元の業者との関係は良好でなければなりませんし、反対運動が起きるようだと、出入港などフネの行動に影響が出てしまいます。

また、原子力機関はほんのわずかな核燃料から膨大（ぼうだい）なエネルギーをつくりだすことができる効率的な機関ではありますが、一方で事故が起きたときには広範囲に被害が及びます。

原子力発電所での事故はいくつか例があり、ソ連のチェルノブイリやアメリカのスリーマイル島などは有名です。日本でも、東日本大震災における東京電力福島第一原子力発電所の事故が起きています。

原子力事故は、仮に被害が軽微（けいび）であっても、風評被害など人間の心理面に及ぼす影響が大きいという恐ろしさがあります。

日本はかつて、民間の原子力船を建造し、運用した実績があります。１９６９年の進水式において、当時皇太子、皇太子妃であられた上皇陛下夫妻と佐藤栄作首相といった超ＶＩＰが出席し、記念切手が発行されるなど国じゅうの期待を一身に背負って進水した日本初の原子力船。その名前は

「むつ」といいました。

大きな期待を寄せられた「むつ」でしたが、１９７４年9月、原子炉を使った試験航行中に高速中性子が遮蔽体（しゃへいたい）の隙間（すきま）から漏（も）れでる「ストリーミング」という現象により、放射線漏れが起きます。その後、マスコミがこの放射線漏れを「放射能漏れ」と報道したため、当初は好意的だった母港の青森県むつ市の住民が風評被害を恐れて「むつ」の寄港を拒否する事態に発展。「むつ」は帰るべき母港を失い、洋上に留（とど）まることを余儀（よぎ）なくされました。

ちなみに「放射線漏れ」は中性子線が遮蔽体から外部に漏れだすことを指し、環境汚染を引き起こす可能性は低いのに対し、「放射能漏れ」は放射線を出す放射性物質を含んだ水などが外部に流出することを指します。「放射能漏れ」となると、周囲を汚染してしまう可能性が高いことを意味します。似たような言葉にもかかわらず、もたらす被害は全然違っています。

この例からもわかるように、原子力事故は一度起きてしまえば、たとえ軽微なものであっても、風評被害も相まって世論に強烈な拒否反応を呼び起こします。そして、残念ながら乗り物というものは潜水艦に限らず、事故と無縁ではいられません。

なかでも潜水艦は、数多（あまた）の犠牲のもとに技術を確立してきた乗り物であり、原潜に限っても１９６０年代にソ連のノヴェンバー級原潜（６２７型潜水艦）はたびたび原子力事故を起こしていますし、アメリカでも１９６８年の「ソードフィッシュ」や、１９７１年の「ウッドロー・ウィルソン」などで原子力事故が発生しています。

また、原子炉事故ではありませんが、2001年には米海軍の原潜「グリーンビル」が日本の練習船「えひめ丸」に衝突、沈没させる事件が起きていますし、2021年には原潜「コネティカット」が南シナ海で衝突事故を起こしています。

原潜に使われる加圧水型原子炉は、陸上にある原子力発電所の原子炉とは異なり、戦闘用として使われるため、たとえ荒っぽいことが起きても十重二十重（とえはたえ）に安全策が講じられています。しかし、日本独自で原潜をつくるとなれば、建造途中にミスが起こることもあり得ますし、アメリカなどから原潜を買ったとしても、原子力事故が起きない保証はありません。

そして、原潜である以上、原子力事故とは関係のない軽微な接触事故であっても、発生すれば日本の世論が沸騰する確率は高いように思えます。

よって、海上自衛隊に好意的な自治体であっても、いざ「原潜の母港に！」という話が出てきたら、すんなり受け入れてくれるかどうかは疑問です。実際に事故が起きてしまったら「むつ」と同様に帰る場所を失ってしまうかもしれません。

加えて、低濃縮核燃料なら10年程度、高濃縮でも30年おき（退役までの期間に等しい）に核燃料の廃棄が必要になるという点も考慮に入れておかなければなりません。

先に述べたように、原潜の建造や維持、さらには乗員の確保と育成にも高いコストがかかりますから、これだけでも国民にとって大きな負担になりますが、そのうえ原潜を受け入れることになる自治体はもちろんのこと、日本全体にとっても凄まじい覚悟が必要になるわけです。

それゆえに、原潜はたった1隻でも保有すれば、その高い能力と相まって国家の強い意志を示すことができます。

中国海軍は米海軍の規模を凌駕しつつある

ご存じのとおり、2000年以降の中国経済は爆発的に成長し、2021年の中国のGDP（国内総生産）は約18兆ドルで、世界一であるアメリカの23兆ドルに迫る勢いにあります。日本のGDPは5兆ドルほどですから、日本の3倍以上です。

経済が成長すれば、当然ながら国防予算も増大します。日本の防衛関係費は2022年度で5兆1788億円ですが、同年の中国の国防費は日本円にして24兆6500億円にものぼります。

しかも、中国が公表している国防費の額は外国からの装備購入費や研究開発費を含んでいないと見られています。米国防総省の分析によれば、実際の予算は少なくとも1・1倍、最大で2倍にまでふくれ上がる可能性があるともいわれています。

この莫大な予算を背景に中国海軍も急拡大を遂げ、単純な戦闘艦艇の数だけならば2020年時点で米海軍の２９７隻に対して中国海軍３６０隻と60隻以上の差をつけるまでに至りました。

２０００年当時における中国海軍は数こそ多かったものの、その多くは小型かつ旧式艦ばかりでした。小型であるため沿岸から離れられず、長期の作戦行動は不可。そして、旧式艦であるがゆえに近代的な対空ミサイルを装備した艦がほとんどありませんでした。

まともな対空ミサイルがないということは、対艦ミサイルを撃たれたら、それを防ぐ手段がなかったということ。現代の対艦ミサイルは物理的、あるいは電子的手段で防御されない限り、ほぼ１００パーセント命中するので、発見されれば最後、という状況だったわけです。対艦ミサイルの射程も短く、艦載ヘリも積んでいませんでした。

水上戦の肝(きも)は、いかに相手を先に発見して対艦ミサイルによる先制攻撃を行なうかにかかっています。このときに重要な役割を果たすのが艦載ヘリです。

先にも述べたとおり、現代戦において敵水上艦を発見するのにもっとも有効なのがレーダーですが、レーダーが発射する電波は基本的に直進する性質をもっているため、球体である地球上では見通し線である水平線より遠くには届きません。

しかし、ヘリのような航空機であれば、高度を上げることで見通し線を遠くまで延ばすことができます。ヘリをもっていれば、それだけ遠くまで探知できるということです。加えてヘリは、艦の何倍も速く動けるというメリットもあります。

具体的な数値でいえば、水上艦のレーダーはせいぜい20～30キロメートルぐらいの範囲しか探知できませんが、ヘリなら数百キロ離れていても探知できるようになります。

水上戦闘の要訣（ようけつ）はいかに敵に発見されないか、そしていかに早く敵を発見するかという「かくれんぼ」のようなものですから、探知能力を劇的に上げる艦載ヘリは現代の海戦ではなくてはならないものです。

加えてヘリは潜水艦と戦う対潜戦闘においても、潜水艦から攻撃されない安全な空から潜水艦をすばやく探知できるという強みをもっています。近代的な艦艇にとって艦載ヘリというのは、もはやマストアイテムなのです。

そのマストアイテムを21世紀が始まった時点ではほとんど装備していなかった中国海軍ですが、すでに日本の護衛艦を上回るほどに増大した近代的艦艇の多く

海上自衛隊のSH-60K哨戒ヘリコプター（艦載型）

は対空ミサイルを装備して高い対空能力、つまり対艦ミサイルを防げるようになっただけでなく、長射程の対艦ミサイルと目標を探知できる艦載ヘリも装備しており、十分に現代戦を戦える能力をもっているのです。

かつては低水準だった中国海軍の練度

巨大化が進む中国海軍ですが、いくら高性能の装備をもっているからといって、人間が使う以上、人間の練度が低ければ意味がありません。

では、現在の中国海軍の練度はどの程度なのでしょうか。私としては、正直認めたくもなければ、言いたくもない話ですが、中国海軍の練度は世界的に見てもかなり高い水準に達しているというのが事実です。

2000年代初頭、私も中国海軍というものを甘く見ていました。その理由は前述のとおりで、対空能力も対水上打撃力も貧弱そのもの、さらに対潜能力に至っては、ないも同然というような有りさまだったからです。

対する海上自衛隊の主力である汎用（はんよう）護衛艦は艦載ヘリ、対空、対艦ミサイルに加え、対潜戦用の装備一式を有しているのが当たり前。加えて潜水艦は待ち伏せに成功さえすれば、アメリカの空母機動部隊すら脅かすほどの能力をもっており、1個護衛隊群に1隻は世界最高の対空戦能力をもつイージス艦が配備されていたことから戦力差は明白でした。

しかも、いざとなれば世界最強の米海軍が控えています。少なくとも、海戦において負ける要素がありませんでした。

当時の中国海軍は装備も貧弱でしたが、それ以上に練度も低いものでした。この頃、中国はウクライナから、ソ連が未完成のまま放置していた空母ワリャーグを「海上カジノに改装して使用する」という目的で購入しましたが、この空母はその後、中国初の空母「遼寧」として生まれ変わります。「カジノにするなんて嘘っぱちだ」と多くの人間が考えていましたから、それ自体は驚くに値しませんでしたし、なんなら金食い虫の象徴のような存在でもある空母をもったところで、中国がまともに運用できるはずがない、的が大きくなるだけだ……なんてことをいっていた米海軍の士官もいたほどです。日本だけではなく、アメリカも中国を下に見ていたわけですね。

それもそのはずで、この数年前の1996年の第3次台湾海峡危機において、米海軍は空母派遣によって中国を黙らせていたという実績がありました。米海軍からしてみれば、当時の中国海軍など鎧袖一触、物の数ではなかったのでしょう。

このように、当時の中国海軍は貧弱であり、遠洋まで出てくるような能力もなかったわけですが、それでも警戒監視任務で中国海軍の艦を追うことはありました。

一流といわれるような海軍は「戦術運動」といって艦隊の陣形を自由自在に変える能力がありますが、その頃の中国海軍はこの手の訓練をあまりしていなかったせいか、操艦も含めてお世辞にもうまくはありませんでした。

２０００年代の後半に入ると、新型の補給艦も出てきましたが、これの使い方もまだ下手でした。補給艦は航海中の艦に燃料や糧食、水などを届ける役割があり、長期の作戦行動には欠かせない艦ですが、走りながら補給を行なう「洋上補給」には高い練度が求められます。

海上自衛隊はこれがとてもうまいのですが、２０００年代の中国海軍にとっては難しかったようで、洋上補給中にうっかり油を漏らすほどでした。ある警戒監視任務中に中国艦の航跡(こうせき)に油を発見し、それをわざわざ教えてあげたこともあります。「油をこぼしている」というと角(かど)が立つので、「貴船の航跡に油が浮いているのが見える」とやんわりいってあげたのが、日本流の優しさでしょうか。

洋上補給では、航海長と呼ばれる2尉か1尉くらいの、比較的若手の幹部が操艦しますが、初めて洋上補給をする航海長でもまずこの手の失敗はしないので、海上自衛隊から見れば「まあ練度が低いな……」となるのも納得なわけです。

当時の中国相手の警戒監視はそれほど件数も多くなく、日本の領海付近まで近づいてくることもまれでしたから、ロシア相手のほうが大変だったような気がします。

膨張する中国海軍、現在の実戦能力は？

ところが2010年代に入ると、中国海軍が艦隊を組んだまま太平洋に出てくることが珍しくなくなります。本書を執筆している最中の2025年2月21日には、オーストラリア東部沖で中国海軍の艦艇3隻が実弾射撃を行なったりもしています。

遠くまで艦隊を組んだまま展開するというのは、単純ながらもその海軍の練度を端的に表します。遠方に展開するとなれば洋上補給が必須となるので、艦艇が近代化されたとか、隻数が増えたこと以外にも、練度が向上したことがわかるからです。

航海日数も長くなってきており、台風が来ても母港に戻ることなく洋上で回避し、陣形を組み直したりするようにもなっています。海上自衛隊や米海軍であればごくごく当たり前のことですが、ほんの20年前の中国海軍にとっては難しかったことができるようになったのです。つまり、一流の海軍にとって当たり前の水準まで、一気に駆け上がってきたということを意味します。

空でも中国機に対する領空侵犯措置、いわゆる「スクランブル」の回数が激増したことでそれまでどおりの基準でスクランブルを行なうことが不可能になったことから、基準を引き下げざるを得なくなりました。以前は領空の外にある防空識別圏に入った航空機の多くに対してスクランブルをかけていましたが、現在では領空に侵入する恐れの高い航空機に絞るようになっています。

海上自衛隊や海上保安庁に対する挑発行為も増えており、海自艦艇に対するＦＣ照射、いわゆる「ロックオン」のようなものをしたり、護衛艦の艦首を低空かつ至近距離で横切ったりするような行為も散見（さんけん）されるようになったほか、中国公船による尖閣（せんかく）諸島への領海侵入なども珍しくなくなってきました。

20年前であれば考えられなかったことですが、これは中国の海軍力が成長し、自信が増大したことの表れでしょう。

日本の海上保安庁に相当する法執行機関も過去には「五龍（ごりゅう）」と呼ばれ、５つに分かれていましたが、現在では「海警局」に統合されています。中央軍事委員会指揮下の武装警察に編入されるなどより実戦的な組織編成となり、装備や練度以外の面でも軍事力が強化されているのがわかります。

五龍時代にも海軍と一緒に行動することはありましたが、中央軍事委員会の指揮下に入ったということは、頭が海軍と同じになったということでもありますから、より指揮しやすいかたちになったのは間違いありません。

海警に所属する船舶の隻数も、１０００トン級以上のものだけで２０２１年度には１３２隻になっています。対する日本の海上保安庁は70隻ですから、数のうえでも大きく差をつけられてしまいました。２０１２年度には海上保安庁が51隻、海警が40隻だったわけですから、いかに急ピッチで数を増やしてきたかが一目瞭然（いちもくりょうぜん）です。

極めつきが空母で、能力においてはアメリカの空母にまだまだ劣るものの、2隻の空母を有し、3隻目も就役間近、4隻目以降のさらなる増勢も視野に入れています。これが実現すれば中国海軍の戦力はさらに増大することになるのは間違いありません。

海上自衛隊はいかにも日本の組織らしく、職人芸のような高い技能や知識をもっている人が多くいますが、少なくとも表面的には中国海軍の練度はそれに追いつきつつあり、手にした装備を使いこなせるようになっているといえます。

練度を高めるというと長い年月が必要だと思われがちですが、「ヒト・モノ・カネ」が充実し、十分な訓練を行なう余裕さえあれば、短期間でも手に入れることもできなくはないということ。ましてや、相手の士気がこちらに劣ると考えてしまうのは慢心（まんしん）以外の何物でもありません。

とくに、「カネをもっている相手は強い」ということを忘れてはなりません。その前提となるのが、海軍に限らず、中国の軍事力、あるいは総合的な国力は油断できないどころか日本を大きく凌駕（りょうが）しているということへの理解です。

そのうえで「対処できないことはない」ということを理解していただければと思っています。

潜水艦を建造できる国はひと握り

現在のところ、潜水艦を自国で建造できる能力をもつ国は、アメリカ、イギリス、フランス、スペイン、スウェーデン、オーストラリア、中国、ロシア、インド、ブラジル、韓国、そして日本と12か国しかありません。

最近では、北朝鮮が水中発射核戦略の一環（いっかん）として潜水艦建造に乗りだしていますが、ロシアからの技術支援に頼っているため、単独での建造はまだ難しいでしょう。潜水艦を保有する国は、このほかにもイスラエル、ギリシャ、イラン、インドネシア、マレーシア、ベトナム、シンガポール、台湾などがあります。

国連加盟国は２０２４年時点で１９３か国ですが、潜水艦を保有している国はそのうち1割程度、建造できる国となるとそこから半分近く減りますから、潜水艦をつくれる国がいかに少ないかがわかります。

潜水艦は1隻数百億円以上もする高価なフネなので、相応の経済力がなければつくれないのは当然ですが、理由はそれ以外にもあります。

まず、そもそも潜水艦の建造には高い技術力が要求されます。たとえば、潜水艦の潜航深度を決める耐圧殻は全方向からかかる水圧に耐えるために円形になっています。そして、この断面はただの円ではなく、99パーセントの真円でなくてはなりません。円が歪んでいると、そこに水圧が集中し、圧壊してしまうからです。

しかしながら、直径が10メートルにもなる鉄鋼を曲げて真円にするのは非常に困難です。「柔らかさ」と「硬さ」という矛盾した条件をクリアする鉄鋼をつくる製鉄技術が必要になり、さらにそれを99パーセントの真円にする溶接技術がなくてはなりません。

これが潜水艦建造の肝になるわけですが、こういった基礎的技術は一朝一夕に手に入るものではなく、何十年にも及ぶ技術の研鑽と継承が不可欠。まさに職人技ともいうべきもので、やり方さえ真似れば同じようなものができあがるわけではないのです。

ＩＴなどの分野では、先進国のやり方を真似るだけで、一気に最新技術に追いつくといったことが起きますが、積み重ねが必須となる潜水艦建造の世界では、このようなスキップは起きません。設計図どおりにつくるだけでは真円はできず、職人の経験によってしか再現できないからです。

耐圧殻に使われる鋼板の溶接も同様で、溶接が甘いと溶接部に酸素や水素といった不純物が入り、ガラスのように割れてしまいます。

「ガワ」をつくるだけでも大変ですが、手間なのが艦内に機器類を搭載する工程です。何度も述べているように、潜水艦は容量が限られているので無駄なスペースはありません。よって、みっちりと機器類が搭載されるわけなのですが、機器類は振動や衝撃に弱く、雑音を低減する観点からも防振ゴムなどで固定する必要があります。しかし、固定していても他の機器本体、あるいはそこから伸びる配管・配線と接触してしまうのはＮＧなので、ミリメートル単位の精度が要求されるのです。

もちろん、機器類を搭載する前に寸法を測り、入念な準備をしたうえで臨むわけですが、それでも実際に搭載する段階になって不具合が見つかることもあります。その場合、その区画は最初からやり直しとなります。

船体が完成したあとも、溶接や真円度などを確認し、破断することがないようにいくつもの試験がありますし、海上自衛隊に引き渡す前には実際に海で走らせて、各種性能を総合的に確認する「海上公試（こうし）」を行なわなければなりません。

クルマや水上艦と異なり、潜水艦の海上公試では最大安全潜航深度まで潜（もぐ）らなければならず、これが設計どおりの性能でなければ、乗艦している関係者の命が危険にさらされてしまうのです。

通常型潜水艦の建造技術は、日本が世界をリード

前項で述べたとおり、幾重（いくえ）ものチェック段階を踏むことで初めて潜水艦は完成するわけですが、こうしたことは個人レベルではなく国や組織レベルでの経験則が必要で、表面的な技術のみを伝え

るだけでは再現できません。

現時点で潜水艦をつくれない国が、未来永劫建造できないということではもちろんありませんが、そこに追いつくためには長い時間が必要。だからこそ潜水艦をつくれる国はひと握りなのですが、なかでも通常型潜水艦の建造技術においては、日本が世界をリードしています。アメリカは原潜の建造技術では世界一ですが、通常型を建造しなくなって久しいため、アメリカであっても現代で通用する通常型をつくることができなくなってしまったからです。

兵器の輸入はてっとりばやく最新の兵器を手に入れる手段ですが、他国の兵器が自国の事情にマッチしているとは限りません。

また、自国にとってコストパフォーマンスがよく、使い勝手のいい兵器を導入し、維持するためには、輸入のみに頼っていてはダメで、高度で替えのきかないものにかんしては国産化したほうがよい場合もあります。日本も海上自衛隊の発足直後から潜水艦の国産にこだわって早期に実現し、以後この技術を連綿と受け継いできたのです。

中国海軍の急成長については先ほど説明したとおりですが、水上艦部隊の急成長に比べると鈍いのが潜水艦部隊。隻数こそ増えたものの、中国海軍潜水艦の性能はまだ米海軍に比べて2～3世代前程度と見られています。建造のみならず、運用も含めたノウハウまで獲得しなければ、潜水艦戦力の真価は発揮できないため、中国海軍のネックとなっています。

いずれは日米と遜色ないレベルに達するかもしれないため、油断は禁物ですが、潜水艦戦力を一朝一夕に揃えることは不可能です。そこが中国に対する数少ない日本の有利な点です。

戦後の海上警備は、再軍備を警戒されながら始まった

本書の最後に、海上自衛隊がどのようにして生まれたのか、そしてどういった役割をもった組織なのかを解説していきます。

1945年、日本はポツダム宣言を受諾し、日本の旧陸海軍は解体されました。解体後の日本の防衛は米軍を中心とする進駐軍が担うことになりますが、陸はともかく、当時の日本の海は「暗黒の海」とまで呼ばれるほど危険な状態にありました。

これは、密輸や密航といった定番の犯罪から、海賊まで出現するほどの無秩序な状態になったことに加え、日米両国が戦時中に設置した機雷によって港湾や航路が安全に使用することができなかったのです。

日本は四方を海に囲まれた島国ですから、海が安全でないことには復興どころではありません。そこで、ひとまず日本の海を安全で安心なものにするため、1948年にアメリカの沿岸警備隊をモデルとしてつくられたのが海上保安庁です。

ところが、戦後間もない時期ということもあり、勝者である連合国軍からの反発も強く、とくにアメリカとの対立が深まっていたソ連の日本の再軍備に対する警戒心は凄まじいものがありました。そのため、「海上保安庁は海軍ではない組織である」ということが強く求められ、具体的には発足にあたって次のような制限がかけられることになりました。

- 職員の総数が1万人を超えないこと
- 船舶数125隻以下で総トン数が5万トン未満であること
- 各舟艇の排水量が1500トン未満であること
- 速力は15ノット以下（時速27キロメートル程度）であること
- 武装は小火器に限ること
- 活動範囲は日本沿岸及び周辺海域に限ること

以上の6つです。

もちろん、今ではこのような縛りはありませんが、海上保安庁法の第25条には「この法律のいかなる規定も海上保安庁又はその職員が軍隊として組織され、訓練され、又は軍隊の機能を営むことを認めるものとしてこれを解釈してはならない」とあります。この時代の名残ともいえる条文です。

このように、かなりの制限を受けて発足した海上保安庁ですが、戦後すぐの日本周辺海域の安全回復に多大な貢献をしました。

ところが１９５０年6月25日、事実上の国境線となっていた38度線を越えて北朝鮮が韓国に奇襲を仕掛けたことで朝鮮戦争が勃発し、状況が一変することになります。日本に駐屯していた米軍を朝鮮半島に投入したことで、日本の防衛に空白が生じてしまったのです。この空白を埋めるため、準軍事組織である警察予備隊が発足することになります。

また、ソ連から４０００個以上ともいわれる機雷の提供を受けた北朝鮮が、その敷設を開始したことで米海軍の艦艇にも被害が出るようになります。当時占領下にあった日本は拒むことができなかったという事情もあって、海上保安庁は極秘裏に特別掃海隊を編成。朝鮮半島周辺海域に派遣しました。

１９５０年9月末の時点で、連合国軍が朝鮮半島周辺海域に展開可能な掃海艇は30隻程度だったのに対し、この特別掃海隊は掃海艇46隻、隊員１２００人という規模だったため、この派遣は連合国軍首脳をおおいに喜ばせたそうです。

特別掃海隊は2か月ほどの任務で３００キロメートルの水路と６００平方キロメートルの泊地（船が安全に停泊できるところ）を啓開し、連合国軍の上陸作戦に貢献。極東海軍司令官から「Well done!（見事なり）」との最大級の賛辞を受けています。任務中に掃海艇１隻が沈没、１隻が座礁、隊員１

人が戦死して18人が負傷するという犠牲を払いながらも任務を遂行したという勇敢さもあって、米海軍から大きく評価されたわけです。

もっとも当時の情勢に鑑み、この派遣とそれにともなう戦死傷者がいたことについては箝口令が敷かれました。一部の新聞がこの派遣や戦死傷者が出たことについても報じましたが、派遣当時はGHQの支配下にあったという事情もあって事実関係の追及はなされず、この件は以後30年にわたって秘匿されることになります。

海上自衛隊が創設された経緯とは

1951年9月8日、第2次世界大戦の平和条約であるサンフランシスコ平和条約が調印され、翌年4月28日に発効されることが決まります。

同日をもって主権を回復する日本は、独立国として自国の防衛力を整える必要がありましたし、冷戦が本格化したことで日本の安全が脅かされるようになったため、いち早く海軍力の復活を望む声が強まりました。

そこで1951年10月、内閣総理大臣・吉田茂と連合国軍最高司令官・マシュー・リッジウェイ陸軍大将のあいだで会談が行なわれ、米海軍の艦艇が貸与されることが決まります。

これを受けて内閣の諮問機関として設置されたのが「Ｙ委員会」です。「Ｙ」というのは海軍を表す隠語で、ＡＢＣの3文字では単純すぎるので、アルファベットの後ろからの3文字のうち、真ん中にくるＹを採用したとされています。

このＹ委員会によって、１９５１年11月に「海上保安予備隊設置要綱」が採択されたことにより、海上自衛隊が産声を上げることになりました。翌年の１９５２年4月26日には海上保安庁内に海上警備隊が創設されます。

結論からいえば、この海上警備隊は創設からわずか3か月で防衛庁の前身となる保安庁に移管され「保安庁警備隊」となり、その2年後の１９５４年7月1日に「防衛庁海上自衛隊」となりました。加えて、機雷を除去する掃海業務を担当していた航路啓開本部も、海上保安庁から分離されて保安庁に編入されています。

こうして海上自衛隊の前身となった海上警備隊ですが、存在していたのはわずか3か月という短期間で、保有する艦艇も1隻もありませんでした。

米海軍から貸与された艦艇に実際に乗ってはいましたが、警備隊発足時には、その貸与するための法律を日米双方がつくっていなかったため、艦艇はあっても手続き上はまだ貸与されていないという状況だったのです。

とはいえ、貸与されることが決まっている以上、日米両国の法的手続きが終わるまで何もしないというのは無意味なので、法的手続きが完了する前にY委員会と米海軍があくまで暫定措置として「保管引受」という名目により、貸与予定の艦艇に日本の乗組予定者を配属することにしました。

なお、海上警備隊に先駆けて創設された警察予備隊では、発足した1950年当時は戦後の公職追放の影響もあり、旧陸軍軍人はほとんど採用されませんでした。

しかし、軍隊ではない準軍事組織という名目でつくられた警察予備隊であっても、期待されている役割は当然ながら軍事組織としてのそれですから、そもそも軍事組織がどのようなものかを理解していない素人を寄せ集めても、まともに機能するわけがありません。とくに幹部に相当する士官クラスの人間がいないことは致命的でした。

そのため、創設の翌年にあたる1951年には旧陸軍の影響が少ないと思われた陸軍士官学校の58期、つまり終戦直前に少尉に任官した人を採用することにしましたが、学校を出たばかりで現場を知らないわけですからやはりうまくいきません。仕方がないので結局、旧軍で佐官級だった人たちも対象に募集を行なうことになりました。

海上警備隊では、警察予備隊発足時の反省をふまえて当初から旧海軍の軍人を中心に採用した結果、ほぼすべてが旧海軍の軍人で埋まり、まったく経験のない者は全体の1~2パーセントほどしかいませんでした。

もともと旧海軍の人間ばかりで占められていた海上保安庁から移管されたという経緯があること、

そして武器さえあれば一応の体裁が整う陸上戦力とは異なり、海上戦力は艦艇に乗り組むという特性があります。つまり、艦や海を理解している経験者がいないことには艦を動かすことさえできないため、やむを得なかったわけです。

のちに防衛庁の陸上自衛隊と航空自衛隊になる警察予備隊にも旧軍の人間が大勢いたわけですが、こうした事情があったため、陸海空のなかでも海上自衛隊だけは旧軍の伝統や文化を色濃く受け継ぐことになりました。

海上自衛隊には特有の伝統や文化がある

旧軍の伝統や文化を受け継いでいるわかりやすい例が、今でも海上自衛隊で使われている言葉の数々です。

たとえば自衛隊では、諸外国の士官にあたる人のことを「幹部」といいますが、海上自衛隊では3つの自衛隊のなかで唯一「士官」という言葉が残っています。幹部という言葉も使いますが、日替わりで艦や基地に残って留守を預かる幹部を陸と空は「当直幹部」と呼ぶのに対して、海上自衛隊は「当直士官」と呼びますし、幹部の係のことを「甲板士官」とか「警衛士官」「広報係士官」などと呼びます。

ほかにも訓練などのリハーサルのことを「立て付け」といったりするなど独特な言い回しがたくさんありますし、同じ号令であってもイントネーションが違ったり、使い方が微妙に違う場合もあります。

偉い人に対して部隊単位で敬礼する場合、「頭(かしら)の敬礼」といって指揮官は普通に敬礼し、指揮官以外の隊員は頭を偉い人の方向に向ける敬礼のやり方があります。陸自と空自はこのときに「かしら-右（左）」というイントネーションになるのに対し、海上自衛隊は「かし～ら～右（左）」と発音します。

また、横1～2列に並んで隊員の数を数える「番号」という号令がありますが、陸自と空自は「番号」と予令、つまり「これからこの号令をかけるぞ」ということをあらかじめ号令してから「始め」と号令をかけますが、海上自衛隊の場合は予令が存在せず、「番号」というのがそのまま号令になっています。

これがかかると、横に並んでいる隊員は順番に1、2、3、4……と順番に番号を叫んで自動的に人数がわかるわけです。結果は陸海空どれも同じですが、発動のやり方に違いがあるということです。

自衛隊の幹部となる者を育成する防衛大学校（防大）では陸上自衛隊のやり方が基本になっているので、防大を卒業して海上自衛隊の幹部候補生学校に入ると、こうした違いに少しとまどったりします。

そのほかにも出船の精神、５分前の精神、「スマートで目先が利いて几帳面これぞ船乗り」といったような格言などもたくさんあります。

なかでも、旧海軍の伝統を端的に引き継いでいるのが自衛艦旗でしょう。その見た目は旧海軍の軍艦旗との違いがさっぱりわかりません。それもそのはず、公然の秘密ですが「同じ」なのです。

１９５４年当時は戦後間もないこともあり、軍事に対する国民の視線は非常に厳しいものがありました。そのため、戦車を「特車」といってみたり、事実上の軍隊を「警察予備隊」や「保安隊」と言い換えたりしていました。

「歩兵」と呼ぶしかない兵種を、陸上自衛隊ではいまだに「普通科」、「砲兵」を「特科」と呼ぶのはこの頃の名残です。海上自衛隊でも駆逐艦や巡洋艦、果ては軽空母に相当する艦種をひとくくりに「護衛艦」と呼んでいます。

１９４８年、海上自衛隊より前に誕生した海上保安庁が海上保安庁旗のデザインを決める際は、海軍を連想させる「桜」「星」「錨」、そして赤色の使用が禁じられていました。そのような情勢のなかで、海上自衛隊旗のデザインの考案が始まったわけです。

国際法上の軍艦に相当する自衛艦に掲げる自衛艦旗は国際法上の軍艦旗にあたります。軍艦旗を掲げるというのはその国に所属する軍艦として認められるための要件の１つですから、海軍にとって非常に重要なものです。

そのため、デザインの考案にあたっては以下の3つの方針が示されました。

1つ、直線的単色なもので一目瞭然（いちもくりょうぜん）、すっきりした形のものであること。

2つ、一見して士気を高揚し、海上部隊を象徴するに十分なものであること。

3つ、海上において視認の利くものであること。海の色と紛（まぎ）らわしい色彩を避けて、赤又は白を用いた明色が望ましい。

これを受けて東京藝術大学や米内穂豊（よないすいほう）（本名：米内貞雄）画伯などに意見を聞いたところ、旧海軍の旗がすべての条件を満たしており、これ以上のものはないという回答をもらいます。

セイルに掲げられた海上自衛隊旗

最終的に当時の吉田茂内閣が閣議決定で自衛艦旗のデザインを決めたわけですが、その際に「この旗を知らない国はない。どこの海にあっても日本の艦であることが一目瞭然で誠に結構だ。旧海軍の良い伝統を受け継いで、日本の守りをしっかりやってもらいたい」と述べたそうです。

なお、海自の帽章は錨に鎖が絡んでいるデザインですが、これは「絡み錨」といって、錨を巻き上げる際、錨を収容することができない状態です。船乗りとして非常に恥ずかしい状況です。そんな恥ずかしいことがないようにとの戒めを込められているのがこの帽章というわけですが、こちらも旧海軍譲りになります。

言い出したらキリがないですが、文化とも伝統とも呼べるものが3つの自衛隊のなかでもとくに異彩を放っているのが海上自衛隊ということです。

これを端的に表した有名な熟語があり、陸上自衛隊は「用意周到 動脈硬化」、航空自衛隊は「勇猛果敢 支離滅裂」といった感じに最初にもち上げて後で落とすという形になっているのに海上自衛隊だけ「伝統墨守 唯我独尊」と、そもそも褒められていなかったりします(笑)。

もっとも、創設当初は米海軍からレクチャーを受け、その後は共同訓練などもするようになっていった経緯があるので、米軍の文化もかなり混じっています。

リコメンド(上官に意見を述べること)やアサイン(使用する武器を選択したり、担当者を決めるときなどに使う)などといった横文字を使うことがやたらと多いのは、米海軍の影響を受けたからでしょう。創設当時は、こうした米軍由来の文化に反発を覚える人も少なくなかったそうです。

海上自衛隊の役割は「防衛」だけではない

次に、海上自衛隊にどのような役割があるのかを解説していきましょう。

海上戦力である海上自衛隊の役割は大きく分けると3つ。「防衛的（軍事的）役割」「警察的役割」、そして「外交的役割」です。

まず、防衛的役割は海上自衛隊の主たる任務で、ひと言でいえば「外国の脅威から国を守ること」。その範囲は国土や周辺海域のみならず、日本の海上交通の安全を守ることにあります。

日本は重量ベースでは99パーセントの輸入を海上交通に頼っていますから、日本の船舶が通る海域の安全が守られることが国益にかないます。そのため1万キロメートルも離れた中東に派遣されて海賊への対処を行なったり、周囲の調査を行なったりもします。

また近年では、主に北朝鮮の弾道ミサイルの脅威から日本を守るため、弾道ミサイル防衛に力を入れています。

続いて警察的役割。こちらは海上保安庁と重複する部分もありますが、海洋秩序を守ることに焦点を当てています。とくに重点を置いているのは警戒監視活動で、1日1回を基準としてP－3C

海上自衛隊の役割

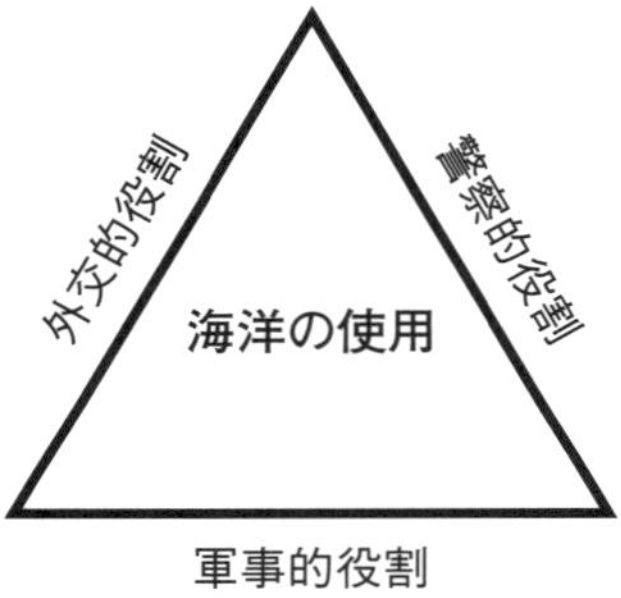

海洋の使用

警察的役割

外交的役割

軍事的役割

出典:海幹校戦略研究11巻第1号 2021年7月

やＰ－１などの哨戒機によって北海道周辺や日本海、そして東シナ海を航行する船舶などを監視し、特異な動きを見せる他国の軍艦が近づいてきた場合は艦艇を派遣して追尾をすることもあります。

また、保安庁が設立された際に海上保安庁から移管された掃海任務もこの警察的役割に含まれ、戦時中に敷設された６万個ともいわれる機雷の除去を担ってきました。

なお海上保安庁ができる以前、第２次世界大戦が完全に終結したのは１９４５年９月２日でしたが、同月中旬頃にはすでに、ＧＨＱの命令によって旧海軍の掃海部隊が掃海任務を開始しています。

掃海部隊は旧海軍が解体されたのちも唯一存続を許された実戦部隊で、そこから第２復員省、海上保安庁、保安庁と所属や名前を変えながらも絶えず任務を継続し、今の海上自衛隊につながっているわけです。

そして今でも戦時中の機雷が発見されることがあり、海自の掃海部隊は兵庫県の神戸や本州と九州をつなぐ関門（かんもん）海峡、沖縄周辺海域などでも不発弾処理と合わせて実任務に当たっています。湾岸戦争後の１９９１年には外洋、遠洋航海に向かない小型の掃海艇をはるばるペルシャ湾に派遣して掃海任務をこなしていますから、旧海軍から今に至るまで切れ目なく実戦を経験していることになります。

そのほか、災害派遣も警察的役割に含まれ、東日本大震災では行方不明者の捜索や救助、支援物資の運搬などに携（たずさ）わりました。

最後に外交的役割。ひと言でいえば「日本の外交目的達成に寄与（きよ）すること」です。外交というと外務省だけの仕事のような気もしますが、防衛省・海上自衛隊の果たすべき役割も大きいものがあります。

外交の目的は大きく分けて、「望ましい安全保障環境をつくること」「他国と協力関係を構築することで日本への侵略が簡単ではないと認識させること」「相互理解や信頼を築くことで不測の事態を防ぐこと」の3つです。

望ましい安全保障環境というのは法の支配にもとづく、自由で開かれた秩序を実現するということで、平たくいえば「みんながルールを守ったうえで自由に海を使うことができる状況」ということになるでしょうか。

くり返しになりますが、日本は周囲を海に囲まれた島国で、必要な物資、資源の多くを輸入に頼っていますから、海が安全で自由に使えるというのが絶対に必要な条件です。

また、日本に対してよからぬ考えをもっている国に対し、日本への侵略が簡単ではないということを認識させるには、日本自身の防衛力を高めるのはもちろんのこと、日本にたくさんの味方がいるということを知らしめることも重要になります。

勘違いされがちですが、アメリカも自国の軍事力のみで自国に有利な安全保障環境を構築しているわけではありません。世界じゅうにアメリカに協力してくれる国が存在しているということが非常に大きかったりします。そして不測の事態を防ぐためには、お互いのことをよく知り、信頼関係を築く必要がありますから、日頃から良好な関係を保っておいたほうがよいということです。

このような目的のために具体的に何をしているかというと、人による協力・交流、部隊による協力・交流、能力構築支援、防衛装備・技術協力などが挙げられます。

人による協力と交流は防衛大臣や幕僚長といったハイレベルの会談や防衛大学校や幹部学校（佐官以上の幹部が行く学校。これから幹部になる者が行く幹部候補生学校とは別）で留学生を受け入れたり、防衛駐在官という防衛省から外務省に出向した自衛官を外国にある日本大使館などの在外公館に送ったりしています。

部隊による協力・交流はアメリカをはじめとする各国と共同訓練を行なったり、艦艇や航空機の相互訪問をしたりすることです。

最近では２０２２年11月に相模湾で行なわれた国際観艦式にアメリカ、イギリス、オーストラリア、タイやインドなど12か国18隻の艦艇が参加しましたが、このようなことができるのも外交の成果であるといえます。

また、幹部候補生学校を出たばかりの実習幹部たちは、毎年半年ほどかけて遠洋練習航海に出るのが恒例行事ですが、なんとこの遠洋練習航海、海上自衛隊が発足して間もない1958年からずっと行なわれています。

遠洋練習航海の主目的は幹部になりたての実習幹部を鍛え上げることですが、寄港する訪問国との友好親善の増進も目的としています。2000年にはアメリカ独立記念日を祝う洋上式典に、2005年にはナポレオンの艦隊を破ったトラファルガー海戦200周年を祝うイギリスの国際観艦式にも参加し、エリザベス女王陛下から観閲（かんえつ）を受けたりもしています。

さらに、大規模な災害が発生した際には、国際緊急援助活動を行なっています。2022年1月に起きたトンガ王国の火山島噴火では、輸送艦「おおすみ」などが派遣されました。

続いて、能力構築支援では技術指導などを行なって対象国の能力を向上させ、その国の軍隊などが国際平和や地域の安定のための役割を果たせるようにしています。最近の事例では2022年1月にベトナム海軍に対して水中不発弾処分の手順や教育カリキュラムなどについてオンラインセミナーを行なっています。

最後の防衛装備・技術協力は、日本と対象国両方の防衛産業基盤の維持や強化をはかることです。具体的には共同研究を行なったり、官民防衛産業フォーラムに参加したり、練習機をフィリピンに移転したりもしています。

このように、海上自衛隊の仕事といえば防衛的役割、つまり、いざ外国の軍隊が攻めてきた場合に備えて訓練ばかりしている――と思われがちですが、それ以外にも警察的役割や外交的役割などもあるわけです。

おわりに――

本書を読んでいただいた皆さまに、何より知っておいていただきたいのは、「安全保障にかんする議論を、専門家だけのものにしてはならない」ということです。防衛や国防は自衛隊の任務ですが、安全保障となると他人事（ひとごと）ではありませんし、国民の支持は自衛隊の力に直結します。自衛隊に可能なことは、主に「自衛隊法」という法律によって定められています。自衛隊が毎年支出する予算も、国会の承認を受けなければなりません。

また、自衛隊の最高指揮官である内閣総理大臣は国会議員のなかから選出されますが、議員を選ぶのは一般の国民、つまり「普通の人」である私や、あなただからです。自衛隊のやるべきこと、そして、そのためにどういった能力をどの程度もつのかといったことは、間接的に国民が決めているのです。

本書で述べてきた潜水艦についても、国民が減らしたいと思えば減りますし、なくしたいと思えばなくなります。予算だけの話ではなく、潜水艦を含むあらゆる戦力の維持、あるいは現在保有していない新たな戦力を装備するとなれば、私たち「普通の人」の理解が不可欠なのです。

たとえば、仮に原潜を将来的に保有する・保有しないという議論をするとなれば、その結果は世論に左右されることになるでしょう。原潜の保有・維持には、おカネ以外にも多大なコストがかかりますし、日本の歴史的経緯から原子力を動力とする艦船に対する忌避（きひ）感は強く、国民はもとより原潜の母港となる地域住民の意見を無視して進めることはできません。

潜水艦はその能力向上にともなって、安全保障における価値がますます高まってきており、平たくいえば、「日本の平和を守るための手段」となっています。安全保障とは平和を守るために必要な手段を講じることですが、その平和とは「戦争がない状態」ではなく、私たちにとっての「当たり前」を守ることなのだと強く思います。

衣食住はもとより、言論や信教の自由が保障されることは、戦後の日本人にとって「当たり前」であり続けました。

しかし、その「当たり前」はいつ「当たり前」でなくなるのかわかりません。

本書を執筆している２０２５年3月現在、ロシアがウクライナを侵略していますし、台湾統一を国是（こくぜ）とする中国は海軍力をはじめとした軍拡を続けており、武力を用いることもけっして否定していません。

アメリカは１９４５年以降、ヨーロッパや東アジアの同盟国に対して安全を提供してきましたが、現在のトランプ大統領はアメリカの過度の負担を嫌い、従来のやり方を変える可能性があります。

日本もこうした環境下において、自分の国の「当たり前」を守るために、さまざまなことを見直さなければならなくなるかもしれません。

過度に悲観したり、楽観したりするのではなく、現状を見据えたうえで日本の未来がどのようにあるべきかは、国民全員の関心事であるべきなのです。

最後に改めて、本書を手にとっていただいた皆さま、そしていつも応援していただいているチャンネル視聴者の皆さまにお礼を申し上げます。ありがとうございます。

＊本書の情報は2025年3月現在のものです

◉参考文献

『世界の艦船』２０２３年2月号（海人社）
『潜水艦完全ファイル』中村秀樹（笠倉出版社）
『潜水艦の戦う技術』山内敏秀（ＳＢクリエイティブ）
『潜水艦がまるごとわかる本』山内敏秀（メディアックス）
『核兵器入門』多田将（星海社新書）
『日本人のための「核」大事典』日本安全保障戦略研究所（国書刊行会）
『いま本気で考えるための日本の防衛問題入門』小野圭司（河出書房新社）
防衛省（防衛庁）資料
＊防衛庁規格 水中音響用語――機器
＊防衛庁規格 水中武器用語
＊艦載装備品開発の歩み
＊「諸刃の剣」としてのＡＵＫＵＳ 豪州の原子力潜水艦取得に向けた課題
＊防衛装備庁 潜水艦構造様式の研究
＊防衛省の職員の給与等に関する法律の一部を改正する法律
＊「海幹校戦略研究 ２０１３年12月（3-2）中国潜水艦の脅威と米海軍―米海軍は中国潜水艦の脅威をいかに評価し、対抗しているのか―」
＊分野別防衛産業の現状
＊我が国の防衛と予算（平成29年度予算の概要）
＊我が国の防衛と予算（平成30年度予算の概要）
＊平成18年度 事前の事業評価 評価書一覧
＊平成22年度 事後の事業評価 評価書一覧
＊平成24年度 事前の事業評価 評価書一覧

＊平成26年度 政策評価書（事前の事業評価）
＊令和２年度 政策評価書（事前の事業評価）
＊令和６年度 政策評価書（事前の事業評価）
＊潜水艦発射型誘導弾資料
＊防衛白書（令和元年版〜令和６年版）
＊海幹校戦略研究11巻第１号 ２０２１年7月

オオカミ少佐 おおかみしょうさ

元海上自衛隊幹部のYouTuber。防衛大学校、海上自衛隊幹部候補生学校卒業後、海上自衛隊幹部として勤務。軍事や政治などの難しい話題をわかりやすく、楽しく解説する『オオカミ少佐のニュースチャンネル』を運営。日本をより良い国にするために、有用な情報を発信することを心がけながら動画の制作活動を行ない、人気を集めている。
YouTube：『オオカミ少佐のニュースチャンネル』
ニコニコ生放送：『元海上自衛隊幹部オオカミ少佐の生放送』
X：@okamisyousa

海上自衛隊 潜水艦 最強ファイル

二〇二五年四月二〇日 初版印刷
二〇二五年四月三〇日 初版発行

著 者——オオカミ少佐
企画・編集——株式会社夢の設計社
〒一六二-〇〇四一 東京都新宿区早稲田鶴巻町五四三
電話（〇三）三二六七-七八五一（編集）

発行者——小野寺優
発行所——株式会社河出書房新社
〒一六二-八五四四 東京都新宿区東五軒町二-一三
電話（〇三）三四〇四-一二〇一（営業）
https://www.kawade.co.jp/

DTP——アルファヴィル
印刷・製本——中央精版印刷株式会社

Printed in Japan ISBN978-4-309-29485-8

河出書房新社

鉄道きっぷ探究読本

乗車券・特急券・指定券…
硬券・軟券・磁気券…

後藤茂文

「きっぷ」が秘める謎と
不思議を解き明かす旅へ！
〝きっぷ鉄〟が蒐集した
小さなチケットの
ディープな物語！